前言

林有麟，字仁甫，号衷斋，松江府华亭县（今上海市松江区）人，生于明万历六年（1578），卒于清顺治四年（1647）。授南京通政司，历任南京都察院都事、太仆寺丞、刑部郎中等职，曾任四川龙安府知府，颇得民望，人称"林青天"。贵而能谦，富而好礼，有"翩翩佳公子"之誉。喜字画，善山水，爱好奇石，40岁写作《素园石谱》4卷。

《素园石谱》，因作者林有麟居所名"素园"而得名。本书录入名石102种（件），大小石画计249幅，收录原则是"石之妙全在玲珑透漏。设块然无奇，虽古弗录""皆取小巧，足供娱玩。至于叠嶂层峦，穿云参斗，非不仰止，然非尺幅可摹，姑置之"。本书每品绘有石图，对石品形态、颜色、石质、纹理等都做了生动的描绘，并常附以名家诗文，同时对相关赏石的奇谈轶事，还有赏石的标准等也多有描述。林有麟重新归纳前人石谱，图文并茂地绘制出《素园石谱》，使《素园石谱》成为现今我们可以见到的传世最早、篇幅最长、体例最完备的石谱。全书文笔古雅精妙，配图丰富多彩，是相关读者了解中国古代（特别是明代）赏石概貌的重要历史文献。

  本书在北京故宫博物院图书馆1933年5月刊印版《素园石谱》的基础上，整理标点，重新编排而成。为便于读者阅读欣赏，本书将书名简化为《石谱》。本书对其中的一些较难的重点词汇进行了注释，对大量的图注进行了释读，并增添了一批相关赏石图片，以丰富全书，便于读者阅读、欣赏。鉴于本书不小的语言难度，编排疏漏之处，还请读者见谅。

  《素园石谱》的部分文字记载有照搬照抄宋代杜绾的《云林石谱》、赵希鹄的《洞天清录》以及明人有关笔记史料的现象，而且没有注明出处，这是我们阅读《素园石谱》应该知道并注意的。

名家悦读系列一

石谱

［明］林有麟 著

上海人民美术出版社

目录

小引	6	林虑石	38
自序	9	永州石	40
凡例	11	虢州月石屏	42
		松化石	46
石谱卷之一	13	花石板	48
永宁石	14		
壶中九华	16	石谱卷之二	49
小岱岳	18	灵璧石	50
风秀丹山	20	玛瑙石	53
宝晋斋研山	22	平泉石	54
海岳庵研山 苍雪堂研山	24	涵碧石	55
星陨石	26	怀安石	56
御题石	28	透月岩	58
玄石	29	常山石	59
泰山石	31	苍剑石	61
雪浪石	32	山玄肤 玉芝朵 断云角	63
菱溪石	34	太湖石	67
昆山石	36	兖州石	73

奎章玄石	74	秀华石	97
镇江石	75	潇洒石	98
莽石	76	待凤石	100
醒石 醉石	78	潜蛟石	102
湖口石 石丈	80	将乐石 马齿将乐研山	104
峨眉石	82	太秀华	106
琼华石	84	临安石	107
锦纹石	85	涌云石	108
澧州石	86	小钓台	110
碧远峰	87	石树	111
雪窦石	88	连理石	112
栖霞石	89	舞石	113
		峄山石	114
石谱卷之三	91	蛇化石	115
辰州砂床	92	石女	116
鳌背灵峰	94	穿心石	117
银河秋水	95	鱼龙石	118
何君石	96	醉道士石	120

湖中石	122	怪石供	142
阶州石	123	雅鸣树石屏	143
江山晓思屏	124	武康石 弁山石	146
静江石	125	仇池石	148
菩萨石	126	象江六石	150
怪石	127	北海十二石	152
小有洞天	128	宣和六十五石	158
融州石 道州石	129	青锦屏	180
衢州石	131	玉恩堂研山	181
西山石	132	花石屏	182
衡州石	133	青莲舫研山	183
襄阳石	134	梦石	184
卢溪石	135	多子石 绿玉石	186
排衙石	136	达摩石	187
袁石	137	青莲舫绮石（附）	189

石谱卷之四 139　　　　　　　**附录：历代名家画石图** 196

秀碧石 140

小引

《禹贡》①铅松怪石②,列在职方③。当时第识土宜表,方物不在瑰瑶玩好之数。自政和主人④疃土绣木,穷致园林,于是岩身湖骨,搜剔弥工。然其所辇而致者,以千金之直、万夫之力而不足当艮岳枝莲之用。至若玲珑丰峦,苍翠盈握,屏几可设,怀袖堪携者,则又时遁迹金堂玉案之外,以供高瘴介癖之目,流传图绘,色色超绝。遂使好事之家贱琅玕而轻拱璧,一时嗜尚熏结。苟不得其人,虽复质欺敦鼎,润滴芙蓉,要为长物耳。今观雪浪⑤遣铭,伏流飞霞,

---

①禹贡:《尚书·夏书》中的篇名。当时中国分为九州,该书记述了九州的山川分布、物产状况等。
②铅松怪石:《禹贡》有"岱畎丝枲,铅松怪石"的表述,意思是说九州之一青州的泰山山谷地区出产丝、锡、松木和怪石。
③职方:这里借指古代地理典籍。
④政和主人:"政和"是宋代皇帝宋徽宗的年号,"政和主人"这里借指宋徽宗。
⑤雪浪:这里指宋代大文豪苏东坡收藏的雪浪石。

方寸之肤而有奔激之势。宝晋①所藏三十六峰，坛池毕具，恍惚仇池。小有之天，石理奇秘，固逾鬼工。然非两公妙手，正气吞吐磅礴，有与石而俱存者，何邅千古乎？吾友仁甫氏②耽古博识，词藻云涌。虽生长朱门而赋性整洁，霞岩面时，欲分枕漱③之缘。近复缮工写图，上自南唐秘府之珍，下及穷退怪窦、断青寸紫④，无不收汇。以至古贤所讽，单词小篇，皆辑为谱。览者神游目夺，如从壶中见天地，如从款识辨商周法物。斯亦陂陀之正史、名迹之别乘已。夫物必有尤好，因而痼。有如泠拳孤铁出之冰崖乳谷之中，有何色味可炙？然而巧偷豪夺，昔人所叹。湖口九华，终

---

①宝晋：宋代大书法家米芾的书斋名为"宝晋斋"。这里代指米芾。
②仁甫氏：这里指本书作者林有麟。林有麟，字仁甫。
③枕漱："枕石漱流"的缩写。典出《晋书·孙楚传》，比喻亲近大自然的人体现出来的一种清高的人生追求。
④断青寸紫：比喻零散的各类奇石。青指青玉；紫色在古代是高贵的颜色，常用于装饰一些珍贵的东西。

归乌有。涟川三妙,未被腾攫。恋惜既深,怅怏曷已。何如揖烟岩于纸上,想袍笏于寥廓,峰崿自藏,垒块自泯。掩卷徐起,而古人寄托之远,结嗜之近,皆住吾一展中也。有斯谱也,唯能空诸所有,而没古人宝护秘惜所终不能有者,皆函袭而席断,乃为得其神理而遗糟粕,诚斯道也。仁甫于文师坡仙①,于画师南宫父子②,而未尝屑屑形似。承用此意,阅斯谱者,其亦可以知仁甫学古之神矣。友弟黄经题于艾纳庵。

---

①坡仙:指宋代大文豪苏东坡。
②南宫父子:即宋代书画家米芾父子。米芾官至礼部员外郎,因此后人按习惯称其为"米南宫"。其子米友仁书法、绘画亦好,故人称父子二人为"大小米"。

自序

　　石之大，崒嵂①尽于五岳。而道书②所称洞天福地、灵踪化人③之居，则皆有怪青奇碧焉。余性好游，鹿裘螭杖，岁入五湖杳霭间。然西至于石城，远极于瀑梁湫雁而止。所谓"荡胸层云，决眦归鸟"④者，如少文卧见⑤之。而家有先人敝庐玄池石二拳，在逸堂左个。少时弦诵之暇，便起居之。每焚香静对，肃然改容，如见尊宿。已，于素园辟玄池馆供礼石丈，而三吴之残崖断壁、堑崿雩窾坳者，稍具焉。雨深苔屋，秋爽长林，风入棱波，哀玉自奏。一

---

①崒嵂：山高峻貌。
②道书：道家的典籍。
③灵踪化人：指神仙。灵踪，神灵；化人，仙人。
④荡胸层云，决眦归鸟：出自唐代大诗人杜甫《望岳》诗句"荡胸生层云，决眦入归鸟"。
⑤少文卧见：小时候阅读诗文所想象的神游。卧见，犹"卧游"，指不出门，在家游览山水。

编隐几，莞尔不言，一洗人间内飞丝语境界。余尝谓法书名画、金石鼎彝，皆足令人自远。而石尤近于禅，生公点头，箭机莫逆，而南宫九华，谓可神游其际。此老颠书纵横千古，或从此中悟入。虽然，九州之外，复有九州；五岳一拳，犹可芥纳。若作是观，则齐安小儿、江头数饼，已具有嵩华衡岱微体矣。因检湘编，自宣和帝而后，有绘图哦咏者，手汇辑之，凡得四卷。吾友黄令则见而爱之，谓可公之同好。昔人谓拥书万卷，不啻南面百城。余于万卷之外，剪取一段空青，或亦妮古者之海珍山臞也。时万历癸丑孟冬日，云间林有麟识。

凡例

是编检阅古今图籍,奇峰怪石,有会于心,辄写其形,题咏缀后。

余性嗜山水,故寄性于石,虽逊米颠之下拜,然目所到,即图之。久之而成帙,每一开卷,石丈俨在前矣。

奇石多出名山。今入谱者,惟据目所睹记,十不得其二一。然识一斑而不窥全豹者,世无其人也。

石之妙全在玲珑透漏。设块然无奇,虽古弗录。如禹穴之窆石①、郁林之廉石是已。

石之佳者多经名人题咏,不能悉收。然亦有未经品题者,如玉在璞,有识者必鉴赏之,不妨拈出。

石有形有神,今所图止形耳。至其神妙处,大有飞舞

---

①窆石:墓地旁的石碑,一般有孔,用以穿绳引棺下穴。窆(biǎn),本义是把死者的棺材放进墓穴,又引申为埋葬等义。

变幻之态,令人神游其间,是在玄赏者自得之。

图绘止得一面,或三面、四面,俱属奇观,不能殚述,则有名公之咏歌在。

帙中所录皆取小巧,足供娱玩。至于叠嶂层峦,穿云参斗,非不仰止,然非尺幅可摹,姑置之。

米元章研山,为友易去,不得再见,乃笔想成图。余今聚天下奇石,汇成一帙,独研山仿佛在目哉,从此斋中气秀,家家不泯矣。

石中奇形怪状,不一而足,似涉传疑①。然必确然有据,方命剞劂②。若谓忆度揣摩、逞奇艺苑,则我岂敢?

---

①传疑:将自己的疑问传告给别人。
②剞劂(jījué):雕版,刻书。这里意指写进本书。

石谱卷之一

- 永宁石
- 壶中九华
- 小岱岳
- 风秀丹山
- 宝晋斋研山
- 海岳庵研山　苍雪堂研山
- 星陨石
- 御题石
- 玄石
- 泰山石
- 雪浪石
- 菱溪石
- 昆山石
- 林虑石
- 永州石
- 虢州月石屏
- 松化石
- 花石板

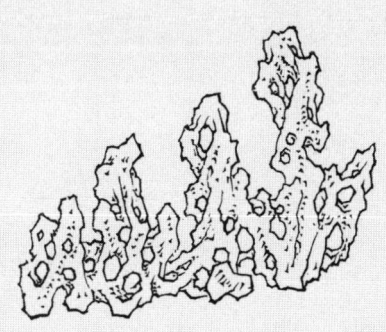

永宁石

蜀水永宁军产异石。钱逊叔一石,平如板,于面上如铺一纸许,甚洁白。上有山一座,高低前后凡数十峰,清极有佳趣,目为江山小平远。

道州江华、永宁二县,皆产石,或在乱山,或生平地,空珑积叠,大小不相粘缀。江华一种灰黑色,间有巉岩特

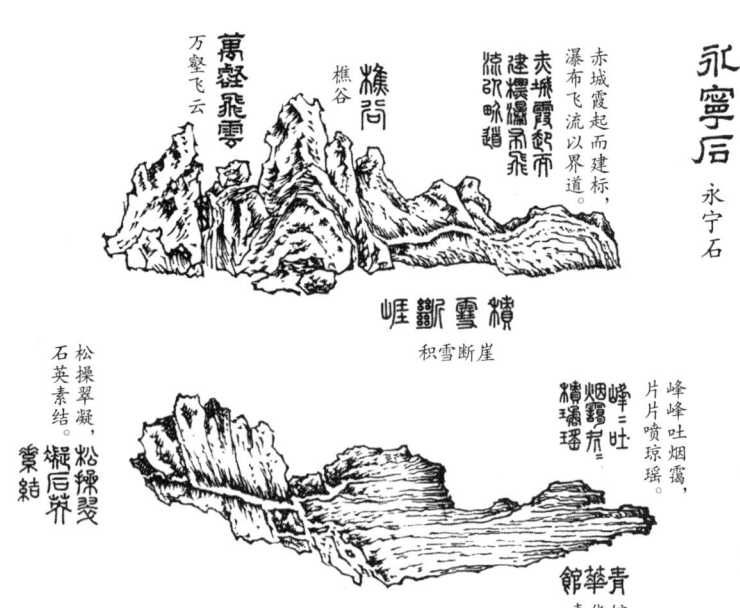

永宁石

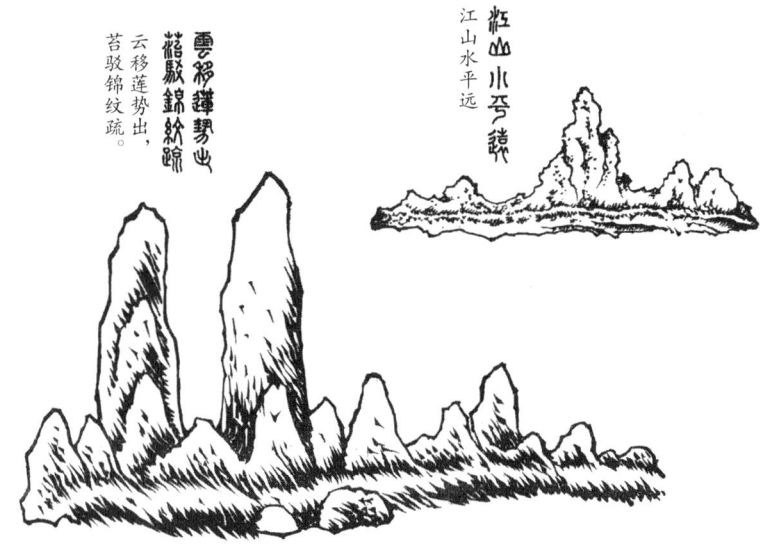

雲移蓮勢出
苔駁錦紋疏

云移莲势出，
苔驳锦纹疏。

粧山水平遠

江山水平远

立之势。其质倒生，皆粗涩枯燥，叩之有声。惟永宁所产，大者十数尺，或二三尺，亦有尺余者，或大如拳，或多细碎。每就山采取，串皆奇怪。一种色深青，一种微青，一种微黑，其质坚润，叩之有声。或边多拗坎①，颇类太湖弹子窝，峰峦巉峭。四面亦多透空，崄怪万状。或有数尺，若大山气象，千岩万壑，群峰环绕。中有谷道拽脚，类诸物像，不可概举。有白石凸起，横带山腰，若飞云出岫状。背有"海岳"二小篆字，乃稀世之宝，诚百仞一拳、千里一瞬者也。

---

①拗坎：指石上低洼凹陷的地方。

壶中九华

苏东坡于湖口李正臣家见一异石,九峰玲珑,宛转若窗棂,名曰"壶中九华",以诗纪之:"前溪电转失云峰,梦里犹惊翠扫空。五岭①莫愁千嶂外,九华今在一壶中。天池②水落层层见,玉女窗明处处通。念我仇池太孤绝,百金归买碧玲珑。"

既作《壶中九华》诗,后八年,复过湖口,则石已为好事者取去,乃和前韵以自解,云:"江边阵马走千峰,问讯方知冀北空。尤物已随清梦断,真形犹在画图中。归来晚岁同元亮,却扫何人伴敬通。赖有铜盆修石供,仇池玉色自玲珑。"

东坡先生赋《壶中九华》诗,实建中靖国元年四月十六日。明年,当崇宁之元年,五月二十日,黄庭坚系舟湖口,正臣持此诗来,石既不可见,东坡亦下世矣。感叹不足,因次前韵:"有人夜半持山去,顿觉浮岚暖翠空。

---

①五岭:越城、都庞、萌渚、骑田、大庾五岭的总称,在江西、湖南、广东、广西四地边界线一带。
②天池:古代喻指海。

试问安排华屋处,何如零落乱云中。能回赵璧人安在,已入南柯梦不通。赖有霜钟难席卷,挂帆来听响玲珑。"

潘象安题:"片石苍山色,复如山势奇。虽然在屋里,自有白云知。"

壶中九萃

壶中九华

小岱岳

张秋泉真人所藏研山也。

赵孟頫咏:"泰山亦一拳石多,势雄齐鲁青巍峨。此日却是小岱岳,峰峦无数生陂陀。千岩万壑来几上,中有绝涧横天河。粤从混沌元气判,自然凝结非镌磨。人间奇物不易得,一见大呼争摩挲。米公生平好奇者,大书深刻无差讹。旁有小研天所造,仰受笔墨如圆荷。我欲为君书道德,但愿此石不用鹅。巧偷豪夺古来有,问君此意当如何。"

水岱嶽

小岱岳

风秀丹山

此石王共溪得之于录事参军周干臣处，因作此诗以记之："宣和宝石真渊薮，万状卿云照灵囿。当时几凿太湖空，赢得网船枯九有。丹山风秀徽所谱，袅袅金书瘦于柳。周郎携自河阳城，夜壑虽深纵豪取。·峰突兀玉潺颜，曾在红云顾盼间。先荣后悴物常理，我今感汝为长叹。揭来伴余茅屋底，憔悴秋娘归故里。清灯摇摇光满几，鲈烟作云研涵水。老虬蟠屈似求伸，隐隐犹能鳞甲起。此时对君心境闲，人为物迁今亶然。掩书瞑坐清思远，梦绕华阳松桂寒。我思象江老守尤酷嗜，不惜千金辇至来长安。家无妇儿居无庐，六石相伍欢有余。义山赏识岂徒尔爱璠，好尚意与先贤俱。一杯下咽歌者谁，南郦小子王共溪。"荥阳郑璠为象江守，得怪石六。

風秀丹山

风秀丹山

削成青玉片，
截断碧云根。

高山嵯峨岩石磊落。
倾侧萦迴下临峭壑。

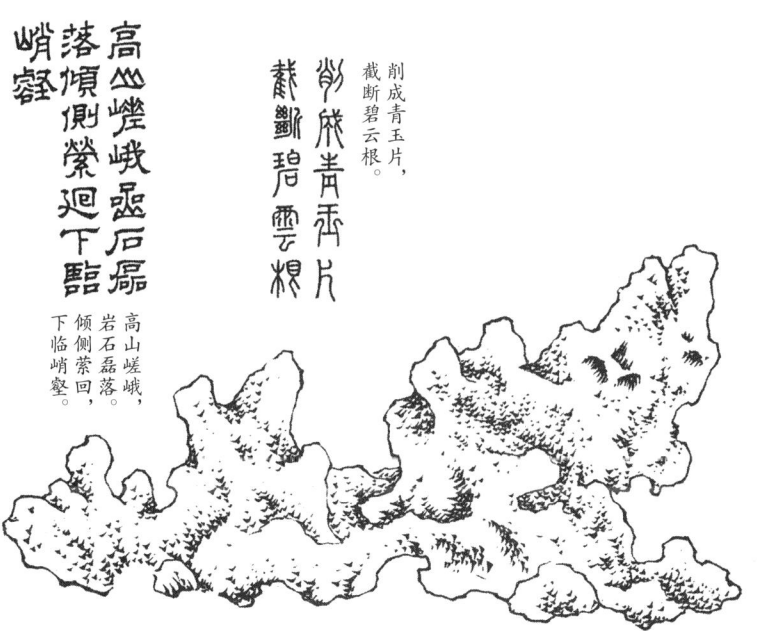

宝晋斋研山

此石是南唐所宝研山也,后为道祖易去。中美旧有诗云:"研山不易见,移得小翠峰。色润裛①书几,隐约烟朦胧。巉岩自有古,独立高崧巃②。安知无云霞,造化与天通。立壁照春野,当有万丈松。崎岖浮波澜,偃仰蟠蛟龙。萧萧生风雨,俨若山林中。尘梦忽不到,触目万虑空。公家富奇石,不许常人同。研山出层碧,峥嵘实天公。淋漓山上泉,滴沥助毫端。搞成惊世文,立意皆逢源。江南秋色起,风远洞庭宽。往往入佳趣,挥洒吐妙言。愿公珍此石,莫与众物肩。何必嵩少隐,可藏为地仙。"米海岳又有作云:"研山不复见,哦诗徒叹息。唯有玉蟾蜍,向余频泪滴。"后此石竟入彭公,不得再见。

---

①裛(yì):香气熏染侵袭之意。
②崧巃(sōnglóng):山势高大险峻的样子。

寶晉齋研山

宝晋斋研山

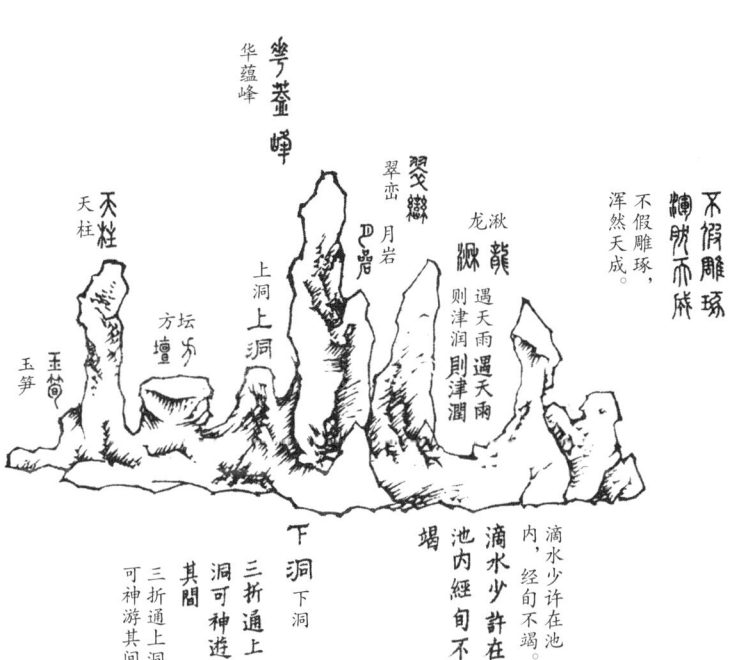

不假雕琢,浑然天成。

不假雕琢,摶赎而成

華蘊峰

翠巒

月岩

龍池 遇天雨則津潤

滴水少許在池內,經旬不竭。

滴水少許在池內經旬不竭

天柱

玉筍

坛 方壇

上洞 上洞

下洞 下洞

三折通上洞可神遊其間

三折通上洞,可神游其间。

海岳庵研山　苍雪堂研山

南唐李后主有研山，广不盈尺。前耸三十六峰，左右引两阜陂陀，而中凿为研。及李归宋，遂流转人间，后为米元章所得。米归丹阳卜宅时，苏仲容有甘露寺下一古基，群木丛秀，晋唐名士多居之。米既欲得宅，而苏觊得研。于是王彦昭侍郎兄弟共为之和会，苏米竟相易。米后称海岳庵是也。

米尝守涟水，地接灵璧，蓄石甚富。一一品目，加以美名，入书室终日不出。时杨次公杰为察使，知米好石废事，往正其癖，正郡正色言曰："朝廷以千里郡付公，那

海岳庵研山

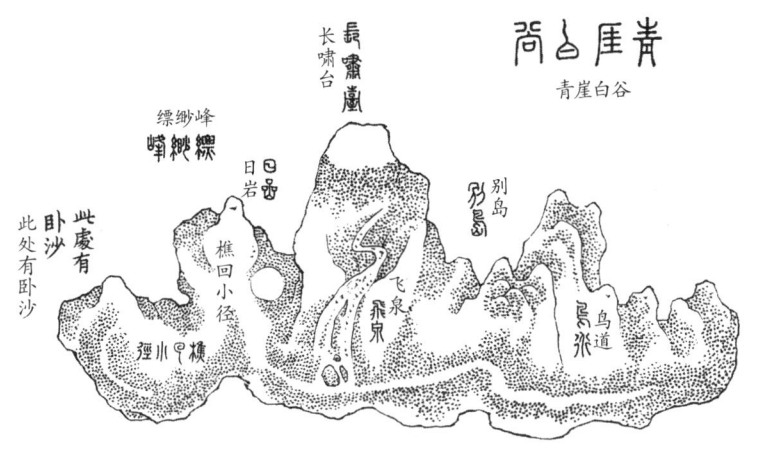

苍雪堂研山

得终日弄石，都不省事。按牍①一上，悔亦何及？"米径前，以手于左袖中取一石，其状嵌空②玲珑，峰峦洞穴皆具，色极清润。米举石宛转翻覆，以示杨曰："如此石，安得不爱？"杨殊不顾。乃纳之左袖。又出一石，叠嶂层峦，奇巧更胜。杨亦不顾，又纳之左袖。最后出一石，尽天划神镂之巧，又顾杨曰："如此石，安得不爱？"杨忽曰："非独公爱，我亦爱也。"即就米手攫得，径登车去。

米元章题："五色水，浮昆仑，潭在顶，出黑云；挂龙怪，烁电痕。极变化，阖道门。"

莫是龙题："匪雕匪琢，乃合吴朴。为氤为氲，与道合直。是分是循，抑亦观物理而图新者与？"

---
①按牍：调查考核结果的文书、奏折。
②嵌空：凹陷。

星陨石

阳气之精,上浮为星,散而陨坠,当无形也,然陨时有声。金星之精,坠于终南,化为白石。彭蠡有落星石。又春秋五石陨,越于宋。近俞某早朝,偶尔星陨身侧,铿然有声,在地尚响,视如朱砂小石。南都应天府学内,有星陨石三块。

韩琮咏:"的的①堕芊芊,苍茫不见年。几逢疑虎将,应逐犯牛仙。择地依兰畹,题诗问锦笺。何时成五色,却上女娲天。"

李空同咏:"千江势欲倒,蠡②门支孤屿。辉辉云崖映,汹汹湍濑注。霜水落丈余,石角露龃龉。探奇犯崄涉,停旌挈贤侣。褰裳入松寺,倚竹望风渚。崩奔乱帆下,蔽曳波鸟举。秋空淡明澄,浮山互吞吐。灵根合道蕴,旷荡豁偏阻。贞靡亚砥柱,险可并潋滪。不闻永嘉胜,只因谢公许。"

---

①的的:明白,昭著。
②蠡(lí):虫蛀木,引申为器物经久磨损要断的样子。

星隕石

星隕石

御题石

大德初,广积库官售杂物,有一石小峰,长仅六尺,高半之,玲珑秀润,所谓卧沙水道。转折、胡桃纹皆具。山峰之顶,有白石正圆,莹然如玉,徽宗御题八小字于旁,曰"山高月小,水落石出"。略无雕琢之迹,真奇物也。

御题石

玄石

至正贡宣城,在越江之滨得之。嵌实峭愕,轩①若舞袖,庄若拱璧,涌若波潏,瀚若云诡,烨②然若芝,亭然若薀。玄肤白理,纵横包络。若龟兆,若蚕丝,而曳云点雪之文若星斗,错落下上,真奇宝也。遂赋长歌以识之:"女娲手炼五色石,乖龙角人不斗识。泗滨风卷入韶英,九奏功成万夫力。清标一染越江尘,岁月蹉跎竟谁拭。秋茎露冷

玄石

①轩:高扬的样子。
②烨:火光明亮照耀的样子。

山骨藏方斛,江珍伏浅滩。

蚀生铜,天柱云收倚苍璧。何人为尔出妖端,万里遂得相追随。无诸试剑漫岁崱①,螺女学舞空差池。嵌嵓泄雨下墨黑,霹雳忽起孤蟠螭。夜深星斗散如雪,晓日未挂扶桑枝。世间顽矿滔滔是,草根零落何须记。瓦砾不混璃瑶珍,宗庙别有璠屿器。使君知已为作歌,雕鹗横飞见高志。青天五岭秀芙蓉,且向三山看空翠。"

---

① 岁崱(lìzè):山势高峻的样子。

泰山石

龙庆府泰山石产土中,大小逾三四寸,间有磊块碎小者。色黑,或微白,或微青,亦有嵌空岭怪势,其质颇软,不甚烁目。

卢朗溪咏:"甯戚歌中意正长,宜都谁为辨阴阳。将军挟矢混疑虎,道士喝声都化羊。秀孕片云迷宇宙,力攻璞玉献君王。谷城如有精灵在,莫为今无汉子房。"

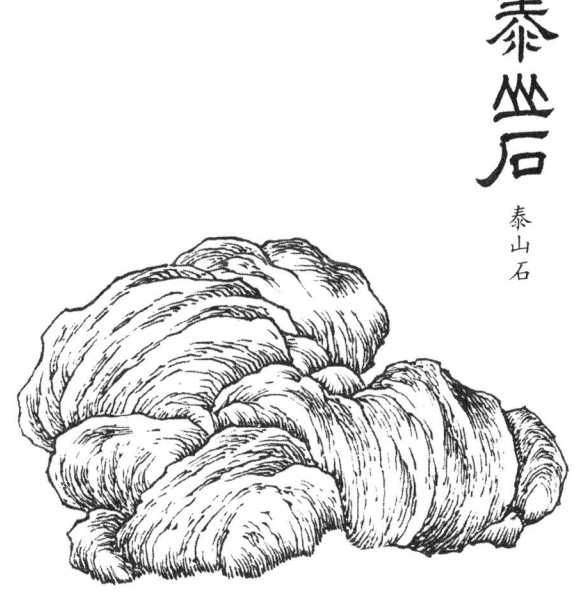

泰山石

雪浪石

雪浪斋有一石，如蜀孙位、孙知微所画。石间奔流，尽水之变。又得白石曲阳，为大盆以盛之，铭曰："画水之变蜀两孙，与不传者归九原①。异哉炮石云浪翻，石中乃有此理存。玉井蓉芙丈八盆，伏流飞雪漱其根。东坡作铭岂多言，四月辛酉绍圣元。"

①九原：黄泉之意。

东坡复作歌曰:"太行西来万马屯,势与岱岳争雄尊。飞狐上党天下脊,半掩落日先黄昏。削成山东二百郡,气压代北三家村。千峰石卷虿牙帐,崩压凿断开土门。揭来城下作飞石,一炮惊落天骄魂。承平百年烽燧冷,此物僵卧枯榆根。画师争摸雪浪势,天工不见雷斧痕。离堆四面绕江水,坐无蜀士谁与论?老翁儿戏作飞雨,把酒坐看珠跳盆。此身自幻孰非梦,故园山水聊心存。"

嶙岩窗外添幽致,
磊落庭前助杂吟。

菱溪石

菱溪之石有六,其四为人取去。其一差小,貌尤奇,尚藏民家。其最大者,偃然僵卧于溪侧,以其难徙,故得独存。每岁寒霜落,水涸而石出。溪旁人见其可怪,往往祀以为神。(欧阳子曳置幽谷,又索小者,得于白塔朱氏。)

欧阳六一咏:"新霜夜落秋水浅,有石露出寒溪垠。苔昏土蚀禽鸟琢,出没溪水秋复春。溪边老翁生长见,疑我来视何殷勤。爱之远徙回幽谷,曳以三犊载两轮。行穿城中罢市看,但惊可怪谁复珍。荒烟野草埋没久,洗以石窦清冷泉。朱阑绿竹相掩映,选致佳处当南轩。南轩旁列千万峰,曾未有此奇嶙峋。乃知奇物世所少,万金争买传几人。山河百战变陵谷,何为落彼荒溪濆。山经地志不可究,遂令异说争纷纭。皆云女娲初锻炼,融结一气凝精神。仰看苍苍补其缺,染此绀碧莹且温。或疑古者燧人氏,钻以出火为炮燔。苟非神圣亲手迹,不尔孔窍谁雕剜。又云汉使把汉节,西北万里穷昆仑。行经于阗得宝玉,流入中国随河源。沙磨水激自穿穴,所以镌凿无瑕痕。嗟余有口莫能辨,叹息但以两手扪。卢仝韩愈不在世,弹压百怪无雄文。争奇闻异合取胜,遂至荒诞无根源。天高地厚靡不有,丑好万状奚足论。惟当扫雪席其侧,日与嘉客陈清尊。"

菱黐石

菱溪石

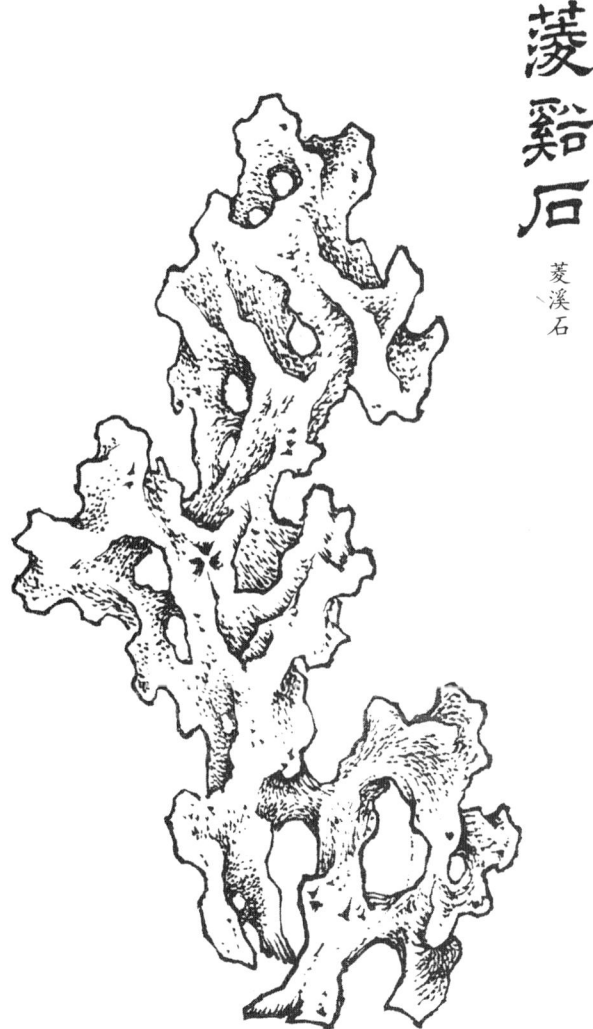

昆山石

苏州府昆山县马鞍山,于深山中掘之乃得。玲珑可爱,凿成山坡,种石菖蒲花树及小松柏。近询其乡人,山在县后二一里许。山上石是火石,山洞中石玲珑,栽菖蒲等物最茂盛,盖火暖故也。

张伯起题:"怪石嶙峋虎豹蹲,虬柯苍翠荫空村。亦知匠石不相顾,阅历岁华多藓痕。"

烟波含宿润,
苔藓助新青。

昆山石

林虑石

相州林虑山，地名交口。其质坚润，叩之有声。峰峦秀拔，曾贡入内府。有蓝关、苍虬、洞天数十品，各高数寸，甚奇异。此石自崇宁方出，相视地脉偶得之，大不逾尺，至如拳者，奇巧百出。

虬池洞天

永州石

永州公署依山，厅事之东隅，顷岁太山黄叔豹因其地稍露山谷，除治积壤十余丈，得真山一座，凡八峰，洞洞相通，翠润可爱。遍有唐人刻字于诸峰之侧，甚奇古。有一石横尺余，联缀石上，有金星水禽之形。因引泉出水，其石正浮水面，亦有唐人刻字，目之为鹳鸿石。又群山之后广二顷余，率皆奇怪之石，罗布田野间。或为居人隐蔽。元次山创万石亭于群山之巅，甚有奇观。

王弇州咏："一夜点苍山，人君读书舍。芊眠①白云色，而亲在其下。"

①芊眠：草木蔓延丛生貌。

奇云万态

永州石

永州石

虢州月石屏

虢州朱阳县石产土中，或在高山。其质甚软，无声。一种色深紫，中有白石如圆月，或如龟蟾吐云气之状，两两相对。土人就石段中揭取，用药物镌治而成。间有天生如圆月形者。昔欧阳永叔赋《云月石屏》诗，特为奇异。又有一种色黄白，中有石纹，如山峰罗列，远近涧壑相通，亦是成片修治镌削，度其巧趣，乃成物像。以手扪之，石面高低，多作研屏置于几案间，全如图画。询之土人，石因积浸水渍，遂成斑斓耳。张景山在虢州时，命治石桥小版，一石中有月形，石色紫月白，月中有树森然，其文黑而枝叶老劲。虽世之工画者，不能为。其月西旁微有不满处，正如十三四时。其树横生，一枝外出，盖奇物也。

欧阳六一："月从海底来，行上天东南。正当天中时，下照千丈潭。潭心无风月不动，倒影射入紫石岩。月光水洁石莹净，感此阴魄来中潜。自从月入此石中，天有二曜分为二。清光万古不磨灭，天地至宝难藏缄。天公呼雷公，夜持巨斧劖崭岩。堕此一片落千仞，皎然寒镜在玉奁。蛤蟆白兔走天上，空留桂影犹杉杉。景山得之惜不得，赠我意与千金兼。自云每到月满时，石在暗室光出檐。大哉天

虢州月石屏

虢州月石屏

地间，万怪难悉谈。嗟余不量度，每事思穷探。欲将两耳目所及，而与造化争毫纤。煌煌三辰行，日月尤尊严。若令下与物为比，扰扰万类将谁瞻？不然此石竟何物，有口欲说嗟如钳。吾奇苏子胸，罗列万象中包含。不惟胸宽胆亦大，屡出言语惊愚凡。自吾得此石，未见苏子心怀惭。不经老匠先指诀，有手谁敢施镌镵。呼工画石特寄似，幸子留意其无谦。"

苏沧浪："日月行天上，下照万物根。向之生荣背则死，故为万物生死门。东西两交征，昼夜不暂停。胡为虢山石，留此皎月痕。常存桂树扶疏阴，有若图画成。永叔得之不能晓，作歌使我穷其源。且疑月入此石中，分此两曜三处明。或云蟾蜍好溪山，逃遁出月不可阑。浮波穴石恣所乐，嫦娥孤坐初不觉。玉杵夜无声，无物来捣药。嫦娥惊推轮，下天自寻捉。绕地掀江踏山岳，二物惊奔不复见。留此玉轮之迹在，青壁风雨不可剥。此说亦诡异，余知未精确。物有无情自相感，不问幽微与高邈。老蚌吸月月降胎，水犀望星星入角。彤霞烁石变灵砂，白虹贯岩生美璞。此乃西山石，久为月照着。岁久光不灭，遂有团团月。寒辉笼笼出轻雾，坐对不复嗟残缺。蛤蟆从汝恶嘴吻，可能食此清光没。玉川子若在，见必喜不辍。此虽在石中，时有灵光发。土怪山鬼不敢近，照之僵仆肝脑裂。有如君上明，下烛万类无遁形，光艳百世无亏盈。"

梅宛陵："虢州紫石如紫泥，中有莹白象明月。黑文天画不可穷，桂树婆娑生意发。其形方广盈尺间，造化施工常不没。虢州得之自山窟，持作名卿研旁物。凿山侵古云，破石见寒树。分明秋月影，向此石上布。中央隐孤璧，紫锦藉圆素。山祇与地灵，暗巧不欲露。乃值人所获，裁为文室具。独立笔研间，莫使尘埃度。"

潘笠江题："锦石列云屏，青宾互盘薄。烟霞苍翠屯，璀璨芙蓉萼。漫展五芝图，徙倚三花落。"

松化石

婺州永宁县松林头，一夕大风雨，忽化为石，悉皆新截。大者径二三尺，有松节脂脉，土人运而为坐。且至有小如拳者，亦宜置几案间。

金华永康县山亭中，有枯松树，因断之，误堕水中，化为石，其枝干及皮坚劲，与松无异。

松化石

武宗时,扶余国贡松风石,方一丈,中有枯松,盛夏飒飒有风生于其间。

范中方题:"偃盖苍云满,沉精积水长。居然成气核,端欲补浮阳。入宋疑星陨,过梁讶雀翔。徂徕旧神物,飞向紫薇宫。"

花石板

《一统志》载花石在岳州府慈利县武口寨，石上有花，如堆心牡丹，枝叶缭绕。虽精于画者，莫能及。人或以物击碎其花，拂拭之，其花复见，重叠非一。

花石版（板）

石谱卷之二

- 灵壁石
- 玛瑙石
- 平泉石
- 涵碧石
- 怀安石
- 透月岩
- 常山石
- 苍剑石
- 山玄肤 玉芝朵 断云角
- 太湖石
- 兖州石
- 奎章玄石
- 镇江石
- 莽石
- 醒石 醉石
- 湖口石 石丈
- 峨眉石
- 琼华石
- 锦纹石
- 澧州石
- 碧远峰
- 雪窦石
- 栖霞石

灵璧石

宿州灵璧县地名磬山,石产土中。岁久,穴深数丈。得之岩窟者,清润,扣之铿然有声。石底多渍土,不能尽去者。度其顿放,即为向背。或一面,或二面。若四面全者,从土中生起,凡数百之中仅得一二,亦一二丈许,峰峦嵌空。又一种石理蹒跚,若胡桃壳纹,其色少黑,高二一尺,小者尺余。或如拳大,陂陀拽脚如大山势,鲜有高峰。但不宜风日露处,日久色白,声亦随减。间有细白如玉者,有卧沙不起峰者,亦无岩岫,所谓"状如眠牛,峰如菖蕗,无棱角峭丽",此为上品,闻能收香。斋阁中有之,香云终日不散。假者多以太湖石染色,刀刮成屑。又云产于凤凰山,以大为贵,花石岗所弃者。

檇李项氏灵璧石一座,长二尺许,色青润,声亦冷然,背有黄沙文一带,峰峦皆隽,下金填刻字云:"宣和元年三月朔日御制御书。"其下押一字。

张正见赋:"连山蔽亏,巨石嵚崎。上兴云而蔚荟,下激水而推移。舒丹霞于九折,混白露于三危。镇方城于濮水,固天阙于汤池。开五岳之灵图,集九老之仙都。韬神弓于射的,产利剑于昆吾。鱼跃湘乡之水,雁浮平固之湖。随山鹄之金印，碎骊龙之宝珠。奄蔼披衣，氤氲翠微。精卫取而填海，天孙用以支机。随西王而不落，傍东武而俱飞。

苏味道咏："济北甄神贶，河西濯瑞文。声应天池雨，影触岱宗云。雁归犹可候，羊起自成群。何当掘灵髓，高枕绝嚣氛。"

王弇州题："有石高仅尺，宛尔巫山同。许借从吾弟，移来仗小童。雨垂青欲滴，云过碧争雄。安得壶公引，轻身住此中。"

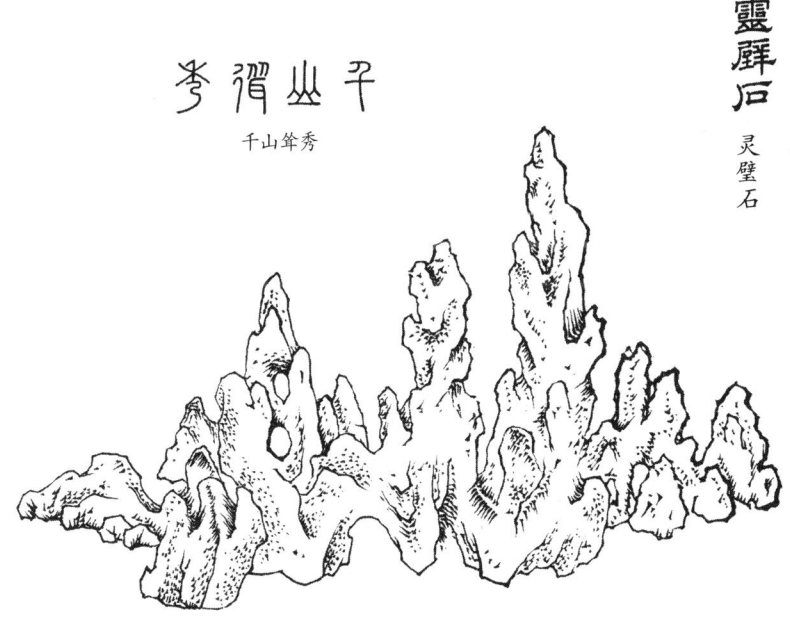

千山笋秀

灵璧石

式品封其业丕
韻贗幻乎后豹
霹颣耆歕梨其
鐵司絵硏席

一品封丈后，之匹谁
实此千后；豹雾龙
光，孰知其变幻于
研席

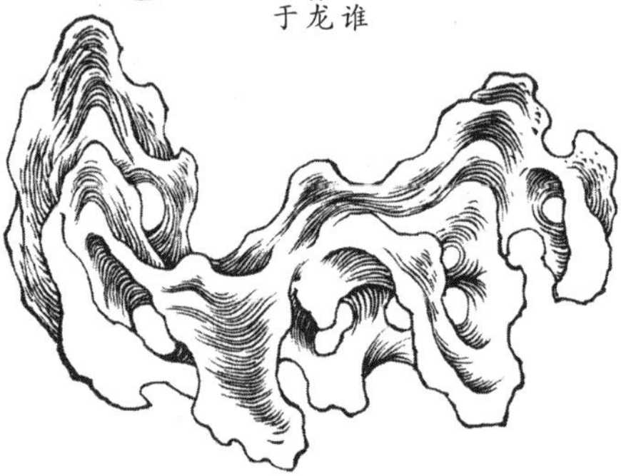

有水嚴犀

犀养水有

其色澄碧长七八寸
多峰峦洞窦雄当
七八寸，虽当燥暑，
燥暑苍润欲滴声
极清越

其色澄碧，长
七八寸，多峰峦
洞窦，虽当燥暑，
苍润欲滴，声极
清越。

此石能致香斋閤中
香必香霭終曰不
散

此石能致香，斋阁
中有之，香云终日
不散。

五老峰
五老峰
崔中丞昕
藏抚之有
聲
崔中丞所藏，
抚之有声。

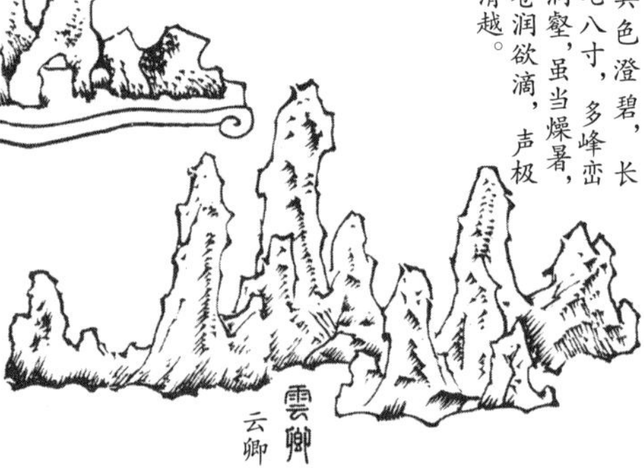

云卿

石谱

52

玛瑙石

黄龙府山石中产柏枝、玛瑙，石色甚莹白，上如柏枝，或黄或黑，甚光润。顷年，白蒙亨奉使北虏，主遣以一石，大如桃，上有鹁鸽如豆许栖柏枝上，颇奇怪。又有一种，多中虚莹彻，如粟大，可贮细药数百粒。

玛瑙石

平泉石

平泉石出自闽中，考之李德裕《平泉庄记》，草木花石之美。其石产水中，每获一奇者，皆镌"有道"二字。颖昌杜钦益家蓄一石，双峰高下，"有道"挺然，长数尺，无嵌空岩窦势。其质不露圭角，磨砻光润而青坚。石罅中镌"有道"二字。

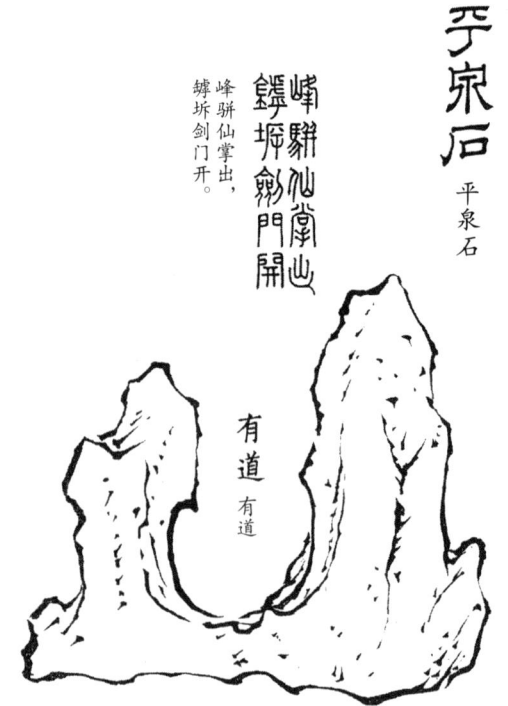

平泉石

峰骈仙掌出，
罅坼剑门开。

有道

涵碧石

婺州东南县之五里，有涵碧池。唐令尹于兴宗得其胜概①，凿池，面瀑布。泉有二大石鱼，置沼面。鱼之前有石一块，高二尺许，嶙岩可观。石之半间凹然如掌。罗江东昔避地著书，尝以为研。好事者每往游览。刘禹锡有诗在集中。

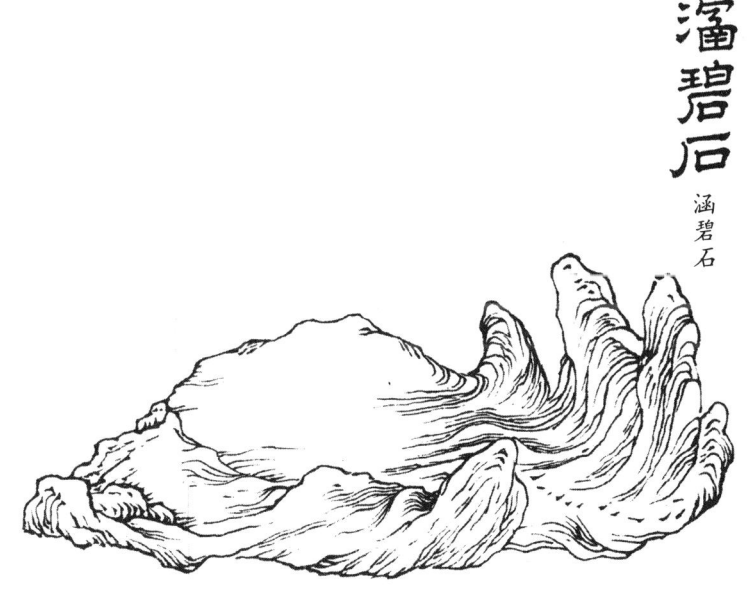

涵碧石

①胜概：意为美景或美好的境界。

怀安石

延祐四年,张云庄于怀安山中得石,如版者二,文理类林薄,根株柯叶毫分缕析,高下郁然。微有丹点朱痕隐见其上,遂名其一曰林梢遗照,一曰木末余霞,系之以歌:"怀安山高去天尺,岩壑寻常烟雾黑。丰隆力尽扶不开,中有神君泻秋色。老宽走避营丘潜,关仝愁绝郭熙泣。物

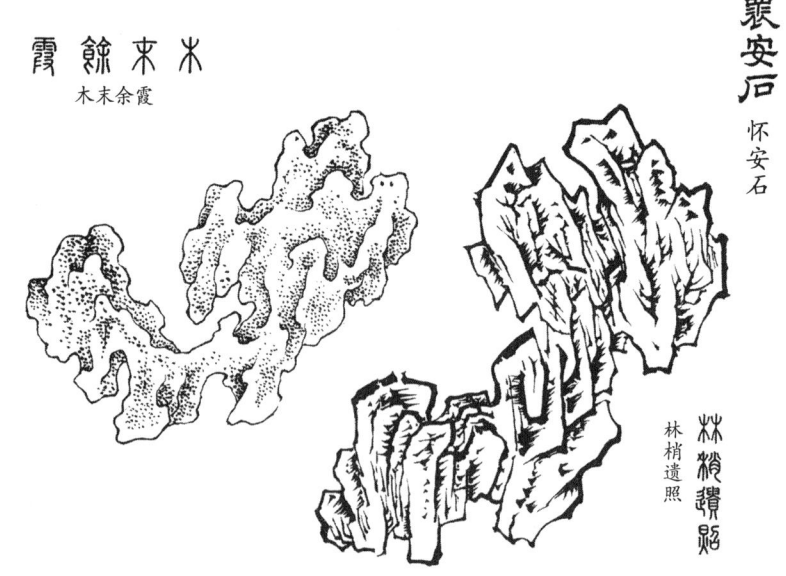

木末余霞

怀安石

林梢遗照

生应亦愤太专,故夺英华发之笔。涂云为叶虹为何,所托虽殊生意一。高者如巨人,傲兀不可即。低者如始孩,头角已岐嶷①。繁如秦拥百万兵,疏似周鳌十二国。何年龙虎遗大还,数点和烟堕空碧。尝许真宰元无心,以此推穷知未必。无乃群木阴射透,三生石老蚌曾食。明月光火镜能襭,太阳魄莫灵两曜。彼尚侵野外,苍枯谁复惜。不然那得面目真,自本而梢一无忒。怪禽欲止还周章,狞兽惊看为辟易。天生神物岂偶然,出示终当需有识。我来适值春色阑,红雨满空尘不湿。缘道方讴吟,披荒见奇迹。笑携元气归,袖裹东海窄。呼童汲沆瀣,老手自磨拭。黄云卷尽桂露丹,斜日欲沉霞散赤。丽水休汰金,荆山莫搜璧。政尔苦索居,邂逅得莫逆。明窗抚玩清昼闲,却顾龙沙永为客。缅思穹壤间,二气互消息。万象从发生,不作宋楮刻。如何此段奇,直欲毫发析。无声诗句谁可续,照坐白虹影摇壁。云母只足俗眼遮,锦帐何曾奇祸隔。梅花卷月坐卧俱,未许闲愁闯我室,第恐夜半六丁排闼入。"

---

①岐嶷:形容幼年聪慧,典出《诗经》。

透月岩

王子过鲜伯之居，有奇石锐上而丰下，百窍洞达。大者为岩，小者为窦，耸者为岑，络者为脉，内外莹洁，浑然天成，如笔峰半圭，高插云表，名为透月岩。

王秋涧："偶到君家思适然，一峰奇石堕吾前。千金欲买初无价，百穴潜通小有天。花露透香滋碧润，月娥含影爱幽妍。从今紫翠芙蓉梦，不到齐州落照边。"

苍瑛

透月岩

常山石

衢州常山县思溪,又地名石洪。或云空宇石出水底,侧垂倒生如钟乳,杂以沙泥,不相连接。人采必须车戽,水深甚难得之。或大或小,不逾数尺,奇巧万状,多是全质。每一石,则有联续尖锐十数峰,高下峭拔嵌空,全然大山气势。亦有如拳大者。又有巉岩崄怪,岩窦中出石笋,或欹斜纤细互柱之势。盖生溪中,为风水冲激融结而成奇

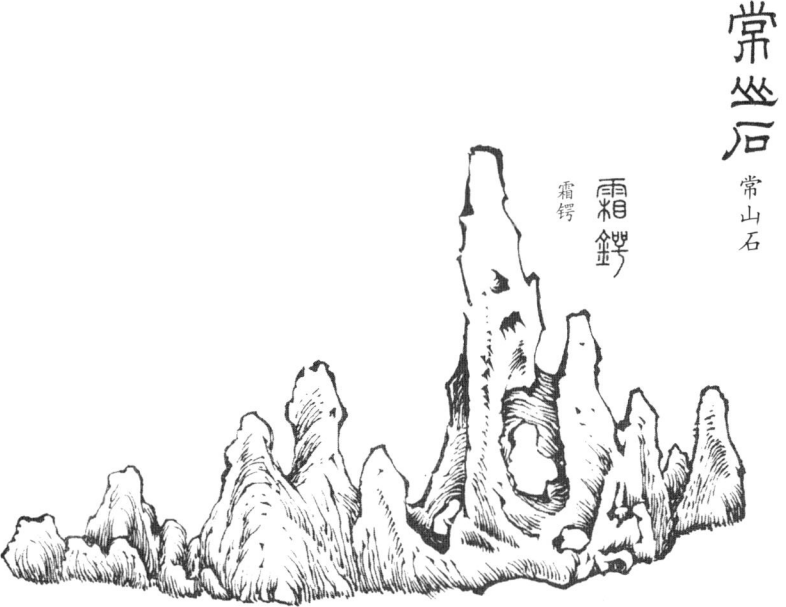

常山石

霜锷

巧之状。又有峰峦耸秀，洞穴委曲相通，底坐透空，堪施香烬，若烟云萦逵乱峰间。一种深青，石理如倒丝，扪之辄隐。又一种清滑，或似磁末刷治而然。率皆温润，叩之有声。间有质朴全无奇巧势者，亦堪珍玩。

阴铿咏："天汉支机罢，仙岭搏棋余。零陵旧是燕，昆池本学鱼。云移莲势出，苔驳锦纹疏。还当谷城下，别自解兵书。"

清标空雨雪，幽致自风烟。

苍剑石

此石出越府林君叔大蓄,奇石修劲秀特,植置草堂前。

柳道传:"谁为龟趺,兴云吐雾。谁为底柱,截波东注。谁戮防风,骨骸撑拄。有植之修,非簨①非敔②。不钵而廉,不窾而窳。如英璃瑶,如玉梲具。既挺既直,亦峻亦武。字之苍剑,以配宝璐。使镇郊筵,百神尔主。明德惟馨,式谷是与。"

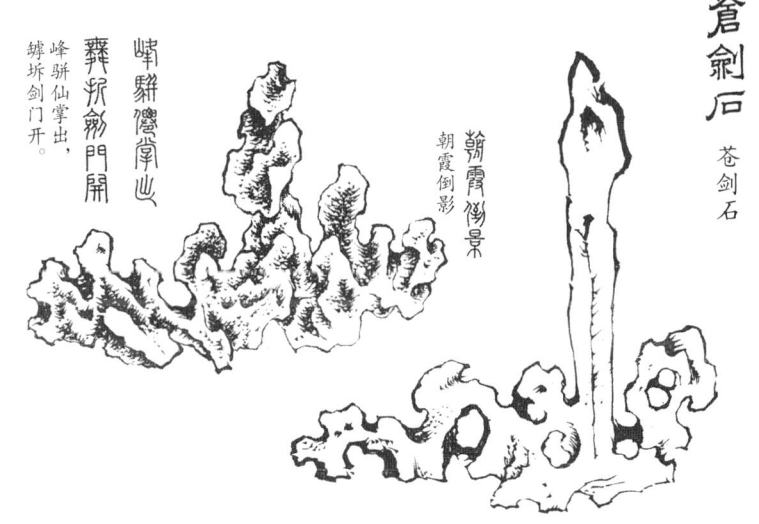

苍剑石

朝霞倒影

峰骈仙掌出,
罅坼剑门开。

①簨:古代悬挂钟、磬、鼓的架子上的横梁。
②敔(yǔ):中国古代的一种打击乐器,常在乐队中使用。形如伏虎,以竹条刮奏,用于历代宫廷雅乐,表示乐曲的终结。

钻云螭虎

子昂珍玩

山玄肤 玉芝朵 断云角

朱孟辨获石聚宝山间,制为山玄肤、玉芝朵、断云角三石。其友王蒙先生图而铭之,宋景濂为之词曰:"山玄肤,割紫蕤。星霣魄石,抱腴苍水。使者佩失琚,山鬼环守目睢盱。内藏一升白龙酥,餐之凌霞蹑双凫,奋迅八极游清都。山玄肤,玉为徒。玉芝朵,自天堕。晕翠霞,裁猗攤,煅以九阳真颎火。有声泓噌玉之磋,不学二秀脆而夥。韩终欲擭意仍叵,青鸟传信以需我。玉芝朵,青媠媠。断云角,鬼斧琢。秀棱棱,文斲斲。霓旌难攀沂寥廓,手折祥氛崖一握。尚带蛟龙气旁魄,神母变幻资橐籥,上冲牛斗香如濯。断云角,镇书幄。"

东坡咏:"空堂明月清且新,幽人睡息来初匀。了然非梦亦非觉,有人夜呼祈孔宾。披衣相从到何许,朱栏碧井开琼户。忽惊石上堆龙蛇,玉芝紫笋生无数。锵然敲折青珊瑚,味如蜜藕和鸡苏。主人相顾一抚掌,满堂坐客皆卢胡①。亦知洞府嘲轻脱,终胜嵇康羡王烈。神山一合五百年,风吹石髓坚如铁。"

莫廷韩咏:"谁向灵岩斫片云,移来林际隔氤氲。不须更问商山曲,紫气先从袖里分。"

①卢胡:指喉中的笑声。

千岩竞秀

月轮全揭孤峰色,
岩岫遥临万壑云。

丛桂苍苍,芙蓉巍巍。
只(咫)尺千峰,神游万里。
雪居

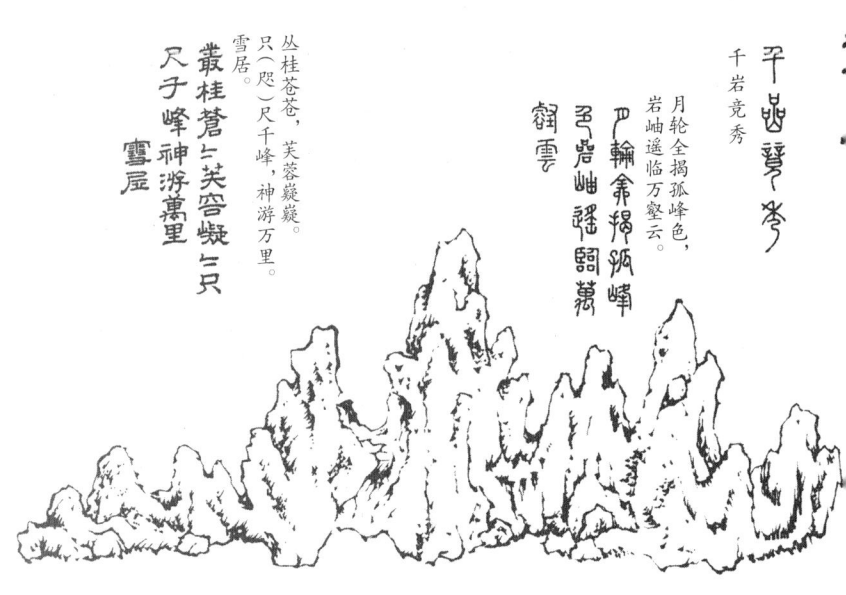

玉芝朵

玉芝朵

斷雲角

断云角

太湖石

平江太湖土人取大材或高二一丈者,先雕置急水中舂撞之,久久如天成。或用烟熏,或染之色,亦能黑。微有声,宜叠假山用。

白香山记:"牛奇章司徒保釐河雒,治家无珍产,奉身无长物。惟东城置一第,东郭营一墅,精葺宫宇,居常寡徒,游息之时,与石为伍。石有族聚,太湖为甲,罗浮、天竺之徒次焉。今公之所嗜者甲也。先是,公之僚吏多镇守江湖,知公之心惟石是好,乃钩深致远,献瑰纳奇。四五年间,累累而至。公于此物独不廉让,东第南墅,列而致之。有盘拗秀出如灵丘鲜云者,有端险挺立如真官神人者,有缜密削成如珪瓒者,有廉棱锐刿如剑戟者。又有如虬如凤,若跧若动,若翔若踊,如鬼如兽,若行若骤,将辣将斗。风烈雨晦之夕,洞穴开豁,若饮云欺雷,嶷嶷然有可望而畏之者。烟霁景丽之旦,岩崿霮䨴,若拂岚扑黛,霭霭然有可狎而玩之者。昏晓之交,不可名状。石有大小,其数四等,以甲乙丙丁品之。每品有上中下,各刻于石阴,曰牛氏石。"

子华氏咏:"洞庭山下湖波碧,波中万古生幽石。铁

太湖石

峭顶蟠根

索千寻取得来，奇形怪状谁能识。初疑朝家正人立，又如战士方狙击。又如防风死后骨，又如於菟活时额。又如成人枫，又如害瘿柏。雨过上淳泓，风来中有隙。想得沉潜水府时，兴云出雨蟠蛟螭。今来矶硨林亭上，长恐忽然生白浪。用时应不称娲皇，将去也堪随博望。噫嘻尔石好凭依，幸有方池并钓矶。小山虆桂且为伴，钟阜白云长自归。何必豪家甲第里，玉阑干畔争光耀。一朝荆棘忽流落，何异绮罗云雨飞。"

白乐天咏："烟翠三秋色，波涛万古痕。削成青玉片，截断碧云根。风气通岩穴，苔文护洞门。二峰具体小，应是华山孙。"

《和思黯相公以李苏州所寄太湖石奇状绝伦因题二十韵》："错落复崔嵬，苍然玉一堆。峰骈仙掌出，罅坼剑门开。峭顶高危矣，根盘下壮哉。精神欺竹树，气色压亭台。隐起嶙嶙状，凝成瑟瑟胚。廉棱露锋刃，清越叩琼瑰。岌嶪形将动，巍峨势欲摧。奇应惭鬼怪，灵合蓄云雷。黛润沾新雨，斑明点古苔。未曾栖鸟雀，不肯染尘埃。尖削琅玕笋，洼剜玛瑙罍。海神移碣石，画幛簇天台。在世为尤物，如人负逸才。渡江一苇载，入洛五丁摧。出处虽无意，升沉亦有媒。拔从水府底，置向相庭隈。对称吟诗句，看宜把酒杯。终随金砺用，不学玉山颓。疏传心偏爱，园公眼屡回。共嗟无此分，虚管太湖来。"

《杨六尚书留太湖石在洛下借置庭中寄赠绝句》："借君片石意何如，置向亭中慰索居。每就玉山倾一酌，兴来如对醉尚书。"

方氏庄太湖石，鳞次重复，巧出天然。王晋卿曾画《烟江叠嶂图》，东坡作诗咏之，今借以名之。

太湖嵌空藏洞宫，槎牙石角生沦中。涛波投隙潄且啮，岁久缺罅深重重。水空发声夜镗搭，中有晴江烟障叠。谁与断取来何时，山客自言藏奕叶。江上愁心惟画图，苏仙作诗画不如。当年此石若并世，雪浪仇池何足书。我无俊语对巨丽，欲定等差谁与议。直须具眼老香山，来为平章作新记。

烟江叠嶂

宣和二年

重峦积雪

镇江石

镇江府有石一株,势如掀舞,色绀而泽,奇物也。上有刻字云:"有唐上元甲子岁,颍川陈良参获此石,置西斋之前,铭曰:嵯嵯峨峨,苍翠其多。是禀混元,非因琢磨。置于庭隅,公退常过。疑乎乃身,居嵩之阿。后日来者,见兹石何。"其后又有宋人刻字云:"皇宋治平丙午岁仲夏晦日,令掌文记,于坏垣得之,立于此。"后为都统王侯胜所得。

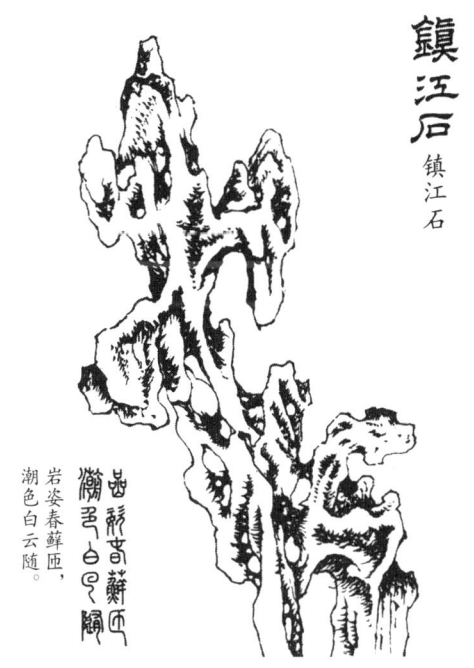

镇江石

岩姿春藓匝,
潮色白云随。

莽石

真阳英德县间石产溪木中,有数种。一微青色,间有白脉。一微灰黑,一浅绿,各有峰峦嵌空,质少润,叩之有声。一种色白,四面峰峦耸拔,多棱角,莹彻有光,叩之有声。采之人就水中奇巧处凿之。东坡获二石,一绿一

莽石

白，亦目为仇池。此石如铜矿声，倒生岩下，以锯取之，故底平。起峰二三寸，亦可作几案奇玩，色黑润者可爱。

陆文裕铭："万仞虽巍，一篑攸始。咫尺之间，乃有千里。丛桂招隐，淮南邈矣。漱石枕流，子荆可起。卓哉静寿，为仁不已。我铭斯征，兹道甚迩。"

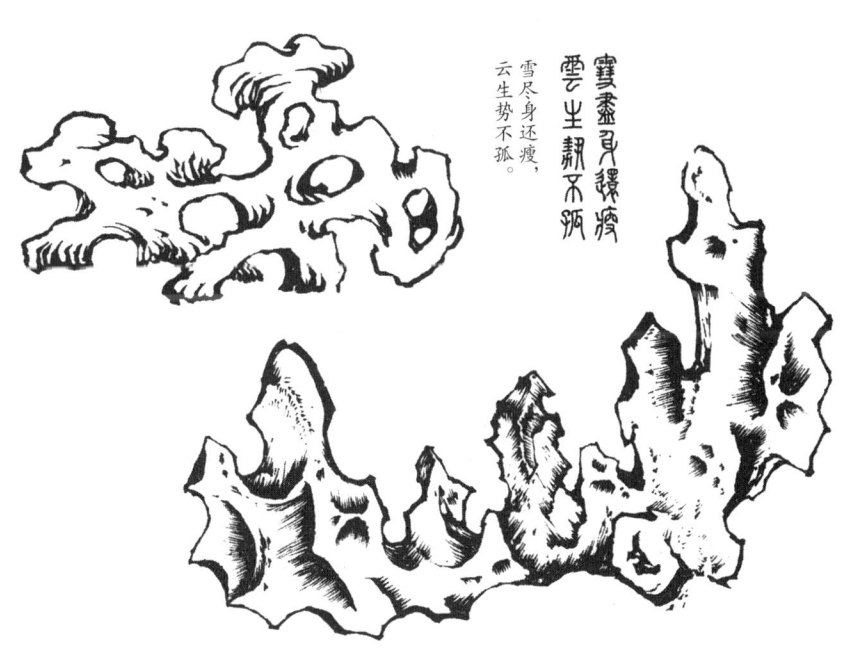

云生势不孤

雪尽身还瘦，云生势不孤。

醒石 醉石

李德裕于平泉采天下珍木怪石，为园池之玩。有醒酒石，德裕尤所宝惜。醉即踞卧其上，一时间即清爽。至五代《张全义传》云："唐庄宗时，为太师尚书令，命兼四镇节度使。有监军司辖尝得平泉醒酒石，德裕孙延古托全义求复。监军忿然曰：'自黄巢乱后，洛阳园池，无复能守。岂独平泉一石哉？'全义尝在巢贼中，以为讥己，大怒忿，杀之。"

又平泉醒酒石，昔为玉清昭应宫所取。昭应焚荡，仁庙裂其地赐濮、潞、浑、越、韩、冀六王。冀王之子丹阳郡王守节得其园地，发土得巧石，前后几千块，多有骇世者。惟醒酒石为第一，上有刻文云："韫玉抱清辉，闲庭日潇洒。块然天地间，自是孤生者。"绍圣中，有旨辇此石归禁中，筑月台。后丹阳裔孙密访醒酒石所在，云今置宣和殿中矣。

陆文裕铭："昔以醒酒，今以醒心。难如蜀道，胜比山阴。"

莫廷韩咏："沉酣寄情真，片石亦名醉。溪风吹不醒，山月照清寐。惟应刘公荣，箕踞目相对。"

陶渊明所居东里有大石，渊明常醉眠其上，名之曰醒石。

醒石 醉石

醒石 醉石

湖口石 石丈

米元章守涟，闻有怪石在河壖，莫知其所自来，人以异而不敢取。米命移石至州治，为宴游之玩。石至而惊，遽命设席拜于庭下曰："吾欲见石兄二十年矣。"言者以为罪，坐罢去。竹坡周少隐过是郡，见石而感之，为赋："唤钱作兄真可怜，唤石作兄无乃贤。望尘下拜良可笑，望石下拜不同调。"

江州湖口石有数种，或在水中，或产水际。一种青色混然，成峰峦岩壑，或类诸物状。一种匾薄嵌空，穿眼通

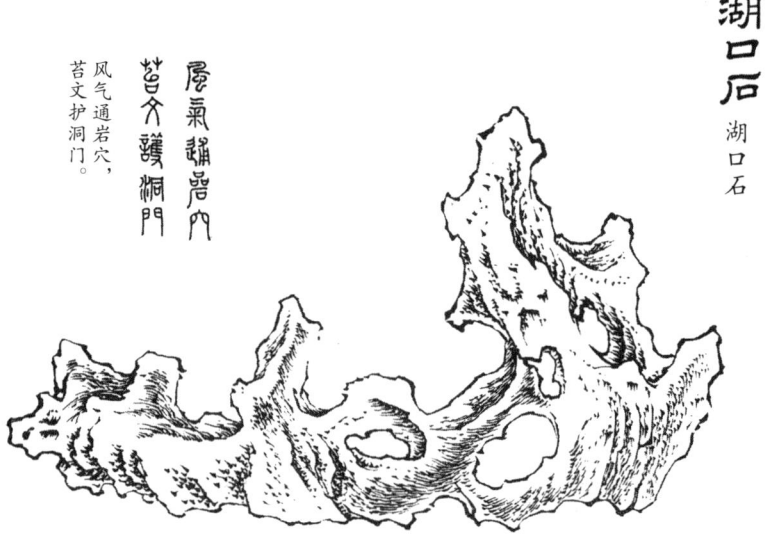

湖口石

风气通岩穴，苔文护洞门。

透，几若木板如利刀剜刻之状。石理如刷丝，色亦微润，叩之有声。土人李正臣蓄此石，大为东坡称赏，目之为"壶中九华"，有"百金归买小玲珑"之语。

米芾知无为军，初入州廨，见立石颇奇，曰："此石当我拜呼曰石丈。"

王弇州咏："戍削风棱无媚姿，主人瞻拜具冠衣。乍可郁林将压载，哪容汉女作支机。"

莫廷韩咏："忽寻苍翠深，巉巉立孤石。藉尔白玉姿，对此青霞客。"

石丈

峨眉石

一石绝似太峨,正峰名曰小峨眉。东坡尝以名庐山,恐不若此石之逼真也。范石湖作诗以记之:"三峨参差大峨高,奔崖侧势倚半霄。龙跧虎卧起且伏,旁睨沫水沱江朝。禹从岷璠过其下,奠山著藉称雄豪。告成归来两阶舞,泗滨锡贡备九韶。揽观此石三叹息,仿佛蜀镇俱苕荛。惜哉捬击堕箦虡,辇送淮海还山椒。降商讫周谨呵获,磬氏无敢加镌雕。刘项蜗争哄灵璧,血漂川谷流腥臊。水官恐此被染涴,毡包席裹吴中逃。市门大隐阅千祀,苔衣尘网蕴孤标。尤物显晦定有数,昨日惠顾不待招。我昔西游踏禹迹,暑宿光相披重貂。十年景落卧游梦,摩挲壁画双髯凋。天怜爱山欲成癖,特设奇供慰寂寥。恍然坐我宝岩上,疑有太古雪未消。嵌根嶪积巧人妙,峰顶箕踞贵不骄。炉烟云浮布银界,隙日虹贯凝金桥。其时岁杪卧衰疾,健起放杖惊儿曹。龙钟逴围喜折屐,龟手拂拭寒侵袍。太湖未暇商甲乙,罗浮天竺均鸿毛。小峨之名神所畀,永与野老归渔樵。作诗纪我得石友,且以并赏兹丘遭。"

峨嵋石

峨眉石

五色水,浮昆仑。
慢山罴挂
潭在顶,出黑(云)。
挂龙怪,烁电痕。
下震(霆),泽(厚坤)。
极变化,闾道门。

五色水,浮昆仑。潭在顶,出黑(云)。挂龙怪,烁电痕。下震(霆),泽(厚坤)。极变化,闾道门。

琼华石

琼华,石之坚白而奇异者也。曹南吴君主一寓于洪,名其室曰好古,人以是石遗之。君珍而置之室外因名。璃华云是石高仅只尺,兰芷青青,交映可爱,其为质如玄圃良玉,温润自然。其为状如雪山崭岩,望之凛栗。扣之,声铿然,则又如天球之戛,而清越殊于众音也。吴君甚珍爱之。

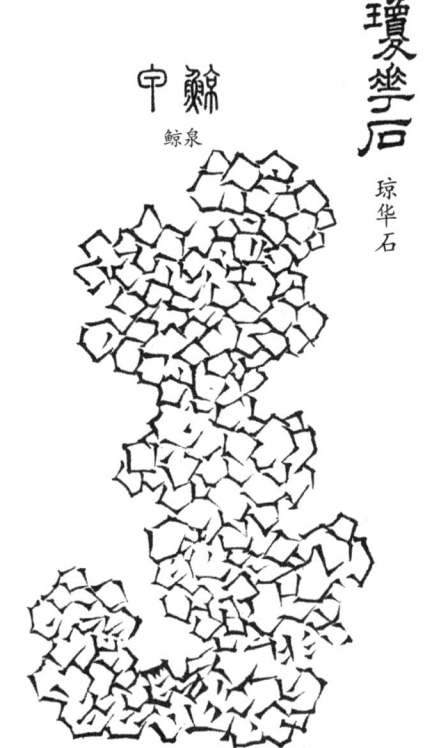

鲸泉

琼华石

锦纹石

棘寺廨舍有怪石,弃置沟中,因复舁置台端。高四尺许,两峰角立,一窍中通,锦纹粲然,且瘦且漏,诚石中佳品、天壤奇物也。吴思庵系之以诗:"草没苔侵几岁寒,年来移得近台端。两峰角立锦纹绉,一窍中通玉窦宽。不用品题标甲乙,只须谒拜具衣冠。公余坐对心无转,留镇清台久远看。"

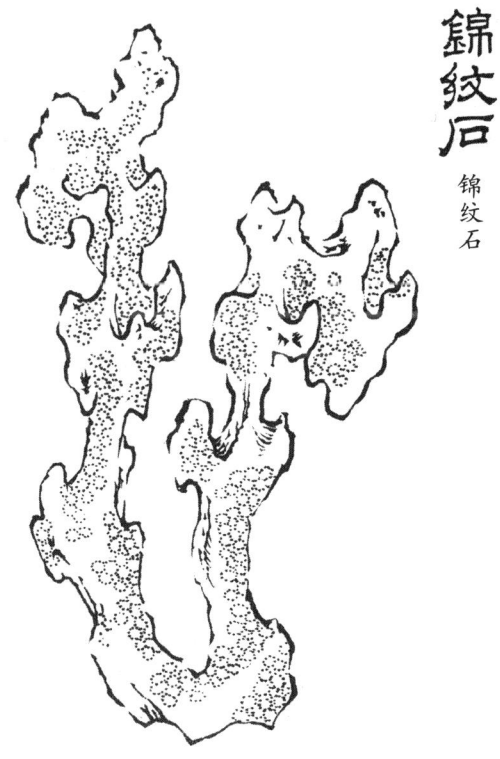

锦纹石

澧州石

澧州石产土中，磊块而生。大者尺余，亦有细小者，率多岣怪巉。其质为沙泥积渍，费工刷治，石理遍若铺丝，扣之隐手。青白稍润，间有白脉笼络，可携作假山，颇类雁荡诸奇峰。

米南宫得一石，青翠。叠石坚响，三层，傍一砚嵌磨墨，上出一峰，高尺余。顶复平嵌岩，如乱云四垂以覆研。以水泽顶，则随叶垂珠滴研心上。乃历代所宝也。

澧州石

万壑飞云，断崖积雪。峰峰吐烟霭，片片映琼瑶。

碧远峰

金华先生有奇石,名碧远峰。携来自蜀中,其山形联翩,若九嶷之状。锡山陈公以诗觅之,金华撤所嗜以赠,亦一奇事也。

王梅溪咏:"二公心古貌清癯,趣在林泉世味疏。寸碧来从锦江远,九嶷分向锡山居。山中丘壑奴金谷,笔下波澜陋石渠。我有千峰藏雁荡,一擎天柱插空虚。"

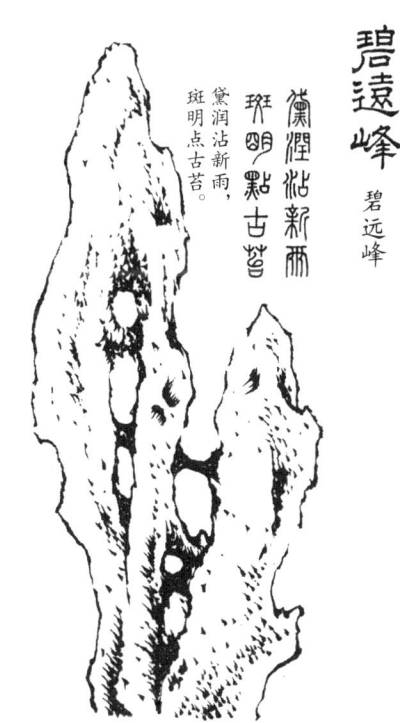

雪窦石

大理府点苍山,去郡五十里。山麓内产异石,峰峦重叠,色青黑,坚润。山尖陂陀多白质,如积雪间出。一石可五六寸,不假雕琢,自成山势,谓之秦岭积雪,妙夺造化。

崔仲方咏:"玉绳随月落,金碑映日鲜;入江疑濯锦,出峡似开莲;文马河西瑞,兵符济北篇;会遂灵槎上,还归天汉边。"

雪宝石

苍藤

栖霞石

至正间,钱惟善先生游江左,获奇石,峰峦秀润,上有古篆文曰"猫"。心异之,作供几上。每神游其间,便有世外之想。因仿东坡居士雪浪斋故事,名其室曰栖霞山房,勒铭壁中,永标奇赏。词曰:"九华烟霞,五老冰雪;缥缈飞来,幻形蝗嵌;光吞玄圃,气掩赤城;移镇丘壑,式耀轩楹;既来俦灵,亦集真侣;绛彩朝餐,紫英夕茹;山人久视,居士长生;俯仰一室,逍遥太清。"

栖霞石

未490已瑟瑟
欲雨老沉沉

未秋已瑟瑟，
欲雨先沉沉。

石谱

石谱卷之三

- ◎ 辰州砂床
- ◎ 鳌背灵峰
- ◎ 银河秋水
- ◎ 何君石
- ◎ 秀华石
- ◎ 潇洒石
- ◎ 待凤石
- ◎ 潜蛟石
- ◎ 将乐石 马齿将乐研山
- ◎ 太秀华
- ◎ 临安石
- ◎ 涌云石
- ◎ 小钓台
- ◎ 石树
- ◎ 连理石
- ◎ 舞石
- ◎ 峄山石

- ◎ 蛇化石
- ◎ 石女
- ◎ 穿心石
- ◎ 鱼龙石
- ◎ 醉道士石
- ◎ 湖中石
- ◎ 阶州石
- ◎ 江山晓思屏
- ◎ 静江石
- ◎ 菩萨石
- ◎ 怪石
- ◎ 小有洞天
- ◎ 融州石 道州石
- ◎ 衢州石
- ◎ 西山石
- ◎ 衡州石
- ◎ 襄阳石

- ◎ 卢溪石
- ◎ 排衙石
- ◎ 袁石

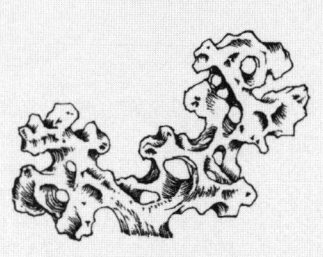

辰州砂床

砂床辰砂产冉家岩洞,有砂坑,深十五六里,昏黑不辨咫尺。土人以皮帽悬灯而入,凿崖而采之。白石若矾,谓之砂床。大者如鸡子,小者如石榴子。其良者,若芙蓉箭镞簌簌迸。如榴房连床者紫黯若铁色,而光明莹彻,可置几案间。

辰州砂床

米芾抱白雪
旸谷熙朝阳

朱华抱白雪,阳条熙朔风。

衡岳重苍翠
昔演营垒间

傍临玉光润，
时泻苔花密。

鳌背灵峰

石色黑而古,俨如一鳌,可置砚傍。张纪室极宝爱之。

高青丘咏:"大星堕水声若吼,祖龙夜叱神羊走。谁将五色补天余,屹障狂澜岁将久。空怜山头精卫鸟,身堕风波衔不了。娲皇去后几桑田,鳌背灵峰一拳小。"

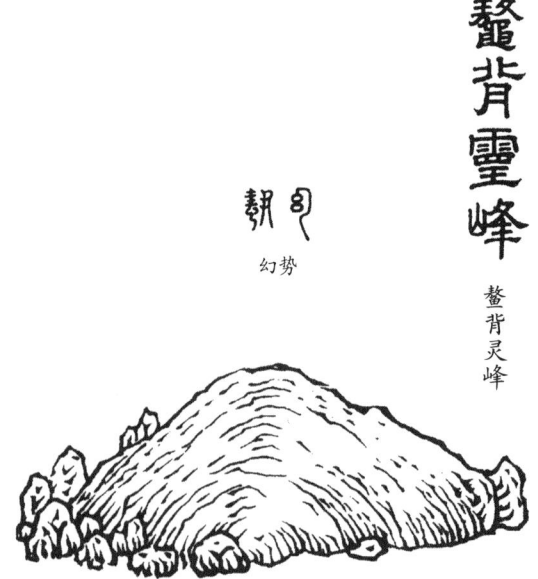

幻势

鳌背灵峰

银河秋水

会稽赵仲仁一石,奇秀出天巧,要非智力所能就。衡尺有咫,崇三之二。色类苍玉。其间飞瀑曲泉,攒峰怪石,不可一一名状,以"银河秋水"名之。

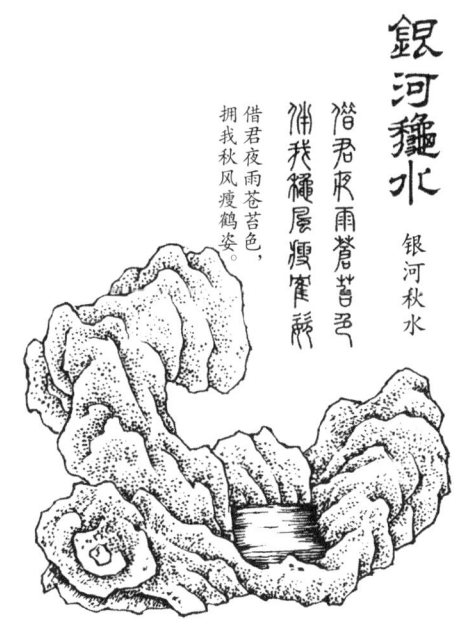

银河秋水

借君夜雨苍苔色,
拥我秋风瘦鹤姿。

何君石

临江军新涂县玉笥山玉梁涧有洞,名何君。按《图经》:"十人避秦,九人仙去,惟何君为地仙,居其洞中,故号何君。洞岩穴透通,中有石棋、石枰。山之前后间,产巨石,皆嵚怪。有一石悬于洞口,其状如云,广数尺,巉岩秀碧,叩之无声。土人何氏击取置于亭榭中。"

何君石

形质冠今古,气色通晴阴。

秀华石

张梦卿惠王秋涧奇石一拳，名曰秀华。拊玩不已，作诗以纪之："道人解种儞颜玉，分供晴窗思渺然。梦去恍为天姥客，润余犹带郁林烟。夏云翠耸形模怪，海日红蒸腹背鲜。我自爱观无巨细，一拳嵩华堕吾前。"

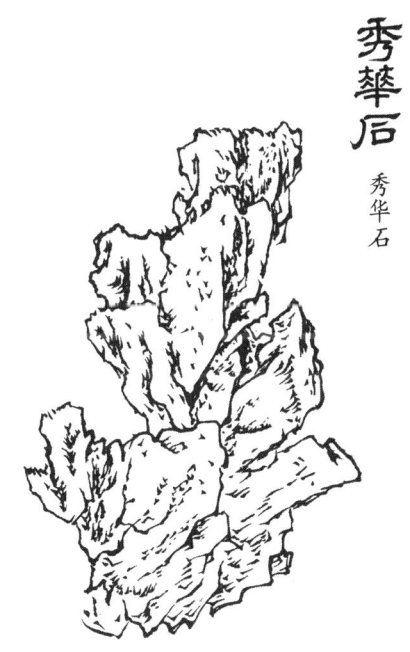

秀华石

潇洒石

王梅溪有一石,嵌空玲珑,下有悬崖飞瀑之状,以"潇洒"名斋,因镌二字于石,作诗咏之:"山从何来石无根,水从何有山无源。忽然幻出如自然,群峰崒崔声潺湲。石上貌愚性机巧,两手顷刻成陶甄。坐移野景到城郭,解使平地生林泉。香炉瀑布名天下,雁荡龙湫更潇洒。名山不见典刑存,得趣何须论真假。君不见,晋公元勋兼盛德,绿野堂前罗涧石。又不见,行行正直韩退之,汲井埋盆成小池。二公胸中有佳致,涧石盆池聊自戏。世间万事皆戏耳,何止兹山与兹水。"

潇洒石

玄理玉质,
苍烟润色。
米颠下拜,
倪迂加额。

玄理玉質
蒼煙潤色
米顛下拜
倪迂加額

潇洒石

待凤石

张云庄得一奇石，田兵部师孟同台橡杜孝先过而观之，遂名曰"待凤"，以其一峰横出，若待物来栖者，因而名之，故为之赋："岐山凤去天为老，闲杀苍梧与瑶草。空余陈迹十丈台，只辨烟霞待凡鸟。朝阳一鸣三千年，天地此心何日了。几回月下琴罢弹，仿佛玉音来缥缈。云间九苞望不见，几上一峰空自好。青天倘与达寸诚，白日终当见孤矫。古来奇士志颇同，抱玉丘樊不为少。子陵坐钓桐江春，正则行吟楚潭晓。白石甯戚半夜歌，太华希夷五云绕。兵曹命名寓世箴，迂叟有诗成腹藁。斯名但恐还徒然，喜极二豪俱悄悄，帘影风微篆烟袅。"

待鳳石

待凤石

一片孤云长不去，
莓苔古色空苍然。

潜蛟石

温将军惠王秋涧一石,名潜蛟,峰峦峻拔,奇巧天然,为诗咏之:"温郎少年姿润秀,好古探奇出余右。叩门相访得怪供,鬼刻神劖未尝有。我欣植杖三摩挲,秋水潜蛟见蟠纽。何年囚锁出禹穴,不磔须牙惊水母。毅然见赠殊不惜,澹僻怜余象江守。深藏夜壑空有戒,当画儿童负之走。千金求买何所得,一旦携归定非偶。清泉湔祓庸玉汝,屹立花间冠吾囿。苍鳞照水势若动,口鼻唅呀欲鳄吼。常疑尤物即神物,隐伏地中谅难久。宣和族众失所在,却恐雷霆下来取。一春病酒日欲眠,忽得此峰如至友。娉婷翠躬喜欲舞,复讶舞仙来劝酒。君不见,九城论乐一夔足,万石不须夸柳柳。人生意气贵相倾,走笔酬诗当璃玖。"

潜蛟石

潜蛟石

玉翠

翠玉

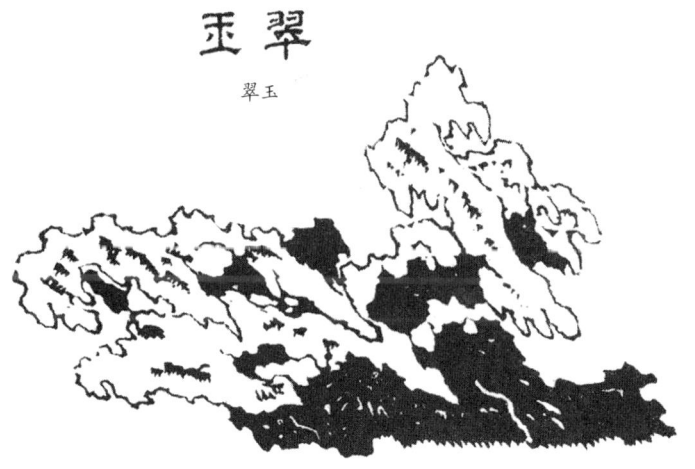

将乐石 马齿将乐研山

出福建延平府将乐县石帆山。大者如张帆,其白如雪,亦有带微红色者。小者可供清玩。铭曰:"磊磊马齿,质栗而泽。洛水呈文,太素为色。宜映雪斋,侣彼和璧。"

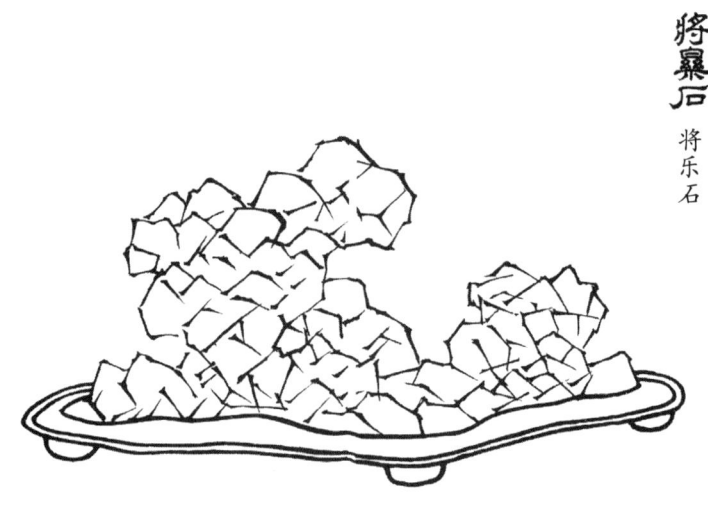

将乐石

馬齒將樂研山

马齿将乐研山

太秀华

赵子昂有峰一株,顶足背面,苍鳞隐隐,浑然天成,无微实可隙。植立几案间,殆与颀颀君子相对,殊可玩也,因为之铭:"片石何状,天然自若。鳞鳞苍窝,背潜蛟鳄。一气浑沦,略无岩壑。太湖凝精,示我以朴。我思古人,真风渺邈。"

太秀华

山高月小,
水落石出。

临安石

杭州临安县石出土中,有二种,一深青色,一微青。其状奇怪,无尖峰嵦崒势,高十数尺,小者数尺。温润而坚,扣之有声。钱塘千顷院有石一块,高数尺,置方斛中,四面嵌空崄怪,洞穴委曲。于石罅间植枇杷一株,颇年远。岩窦中尝有露珠凝滴,目为美石。元居中有诗云:"人久众所憎,物久众所惜。为负磊落姿,不随寒暑易。"政和间,归贡内府。

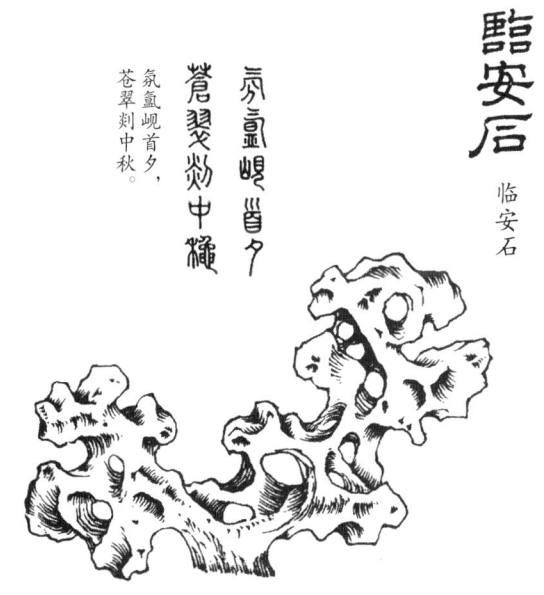

临安石

涌云石

伐石吏得小山一株，双峰并秀，若夏云突兀者，因名之为涌云石，作诗以纪之："坤灵凝秀几千春，一日佳名号涌云。淡僻性便虽老在，自挑沙砾看奇文。"

白乐天："苍然两片石，厥状怪且丑。俗用无所堪，时人嫌不取。结从胚浑始，得自洞庭口。万古遗水滨，一朝入我手。担舁来郡内，洗刷去泥垢。孔黑烟痕深，罅青苔色厚。老蛟蟠作足，古剑插为首。忽疑天上落，不似人间有。一可支吾琴，一可贮吾酒。峭绝高数尺，坳泓容一斗。五弦倚其左，一杯置其右。洼樽酌未空，玉山颓已久。人皆有所好，物各求其偶。渐空少年场，不容垂白叟。回头问双石，能伴老夫否？石虽不能言，许我为三友。"

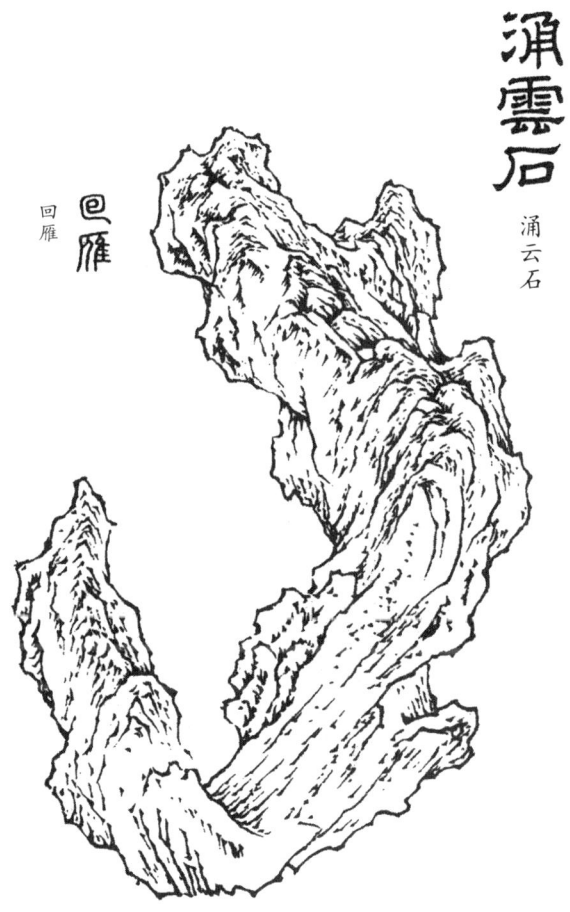

涌雲石　涌云石

回雁　回雁

小钓台

沈石田得一石,名小钓台,元物也,有诗咏之。

鲜于伯机咏:"拾得严陵小钓台,自然汉水洗尘埃。撑空陡起双峰上,映水崚崿万壑开。举足犹能应玄象,持竿直欲藉苍苔。冯谁说与卫公子,准备新诗快写来。"

杨廉夫咏:"星滩分得小双台,不染东华半点埃。爽气时从仙掌出,青天忽见岳莲开。云根远带桐江水,夜雨新生海眼苔。九朵峰前成小隐,不随双雀寄诗来。"

小钓台

石树

永昌中,台州司马孟诜奏临海水下冯义得石连理三株,皆白石。吾松金泽寺内有一枯树峰,俨然一古木,大约与石树相似,特不甚高大耳。孙皓天玺元年,临海郡使伍曜在海水际得石树,高三丈余,枝茎紫色,诘曲倾靡,有光彩。

石树

连理石

魏明帝时,泰山下出连理文石,高十二丈,状如柏树。其文色彪发,如人雕镂。自上及下皆合,而中开,广五尺。父老云:当秦末,二石相去百余步,芜没,无有蹊径。及明帝之始,稍觉相近,如双阙形。

王弇州:"压尽千峰耸碧空,佳名谁立五玲珑。梵音阁下眠三日,要看缭天吐白虹。"

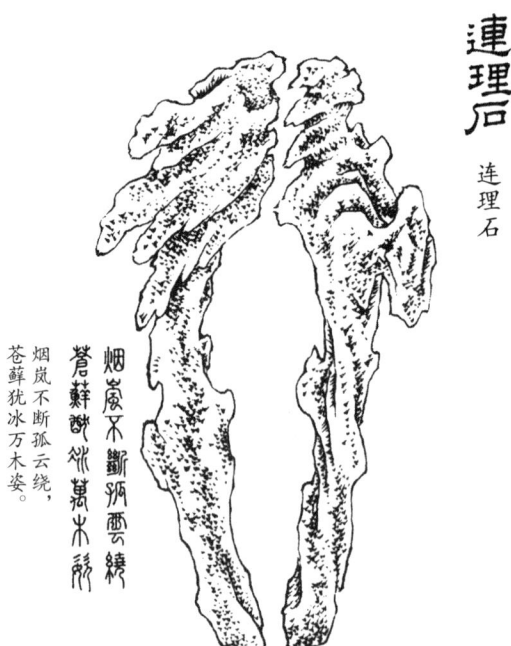

连理石

烟岚不断孤云绕,
苍藓犹冰万木姿。

舞石

许先之尚书儿,信州贵溪人,住居鄱阳。知东平府时,得一奇石,高阔三尺,宛如酒家壁所画仙人醉后奋袖坐舞之状,跷其右足。辇归,置于堂。宿直者常遇一伟丈夫舞跃不已,而形体绝壮。始犹惧之,久而习玩其态,相与扶持袭逐,击之即仆,烛火熟视,乃此石也。许命椎断其脑,自是不能为神。绍兴初定,为汪丞相所有。

舞石

峄山石

峄山在袭庆府邹县。山土中产美石,间有岩穴穿眼,不甚宛转深邃。亦有峰峦高下,无崷崪势。其质坚矿,不容斧凿。色若按蓝,翠润可嘉。

峄山石

蛇化石

会稽进士李眺偶拾得小石,青黑平正,温滑可玩。用为书镇,偶有蛇集其上,驱之不去。视之,已化为石。求他虫试之,随亦化焉。

蛇化石

石女

桂阳有贞女峡,传云秦世数女取螺于此,遇雨,一女化为石人。今石人形高七尺,状似女子。

钱鹤滩咏:"亭亭不语立江滨,万里无家石作邻。云鬓不梳千载髻,蛾眉常锁万年春。霜为铅粉凭风傅,霞作烟脂仗日匀。莫道眼前无宝镜,一轮明月照夫人。"

石女

穿心石

襄州江水中多出穿心石，色青黑而小，中有小窍。土人每因春时，竞向水中摸之，以卜子息。

袁中郎咏："溪上望穿石，欹悬如瓮子。石底望溪山，山山如镜里。平平翠叠中，一峰夭矫起。淡与奇相值，幽艳忽无比。鬼斧凿天真，刻意出新诡。一处幻玲珑，千崖灿花蕊。虚空不受云，飞仙无停趾。唯有地籁风，终古来游止。时时随落花，飘渡秦人水。"

黄亚夫咏："山鬼水怪着薜荔，天禄辟邪眠莓苔。钩帘坐对心语口，曾见漠家池馆来。"

穿心石

鱼龙石

潭州湘乡县山之巅，有石卧生土中。凡穴地数尺见者石，即揭去，谓之盖鱼石。自青石之下，色微青，或灰白者，重重揭取。两边石面有鱼形，似鳅鲫鳞鬣，悉如墨描。穴深二三丈，复见青石，谓之载鱼石。石理如藻荇，凡百数片中，无一二可观。大抵石中鱼形反侧无序者颇多，间有石中两面鱼龙形，作蜿蜒之势，鳞鬣爪牙角甲悉备，尤为奇异。土人多有伪作，以生漆点缀成形，但刮取烧之，有鱼腥气，乃可辨也。

又陇西地名鱼龙窟，掘地取石，或石破而有得，亦多鱼形，与湘乡所产无异。或古之灵泽，鱼生其中，因山颓塞，岁久土凝为石而致然。杜甫有诗云："水落鱼龙夜，山空鸟鼠秋。"正谓陇西尔。

魚龍石

鱼龙石

醉道士石

杨康功有石状道士，苏子瞻为之作赋："楚山固多猿，青者黠而寿。化为狂道士，山谷恣腾蹂。误入华阳洞，窃饮茅君酒。君命囚岩间，岩石为械杻。松根络其足，藤蔓缚其肘。苍苔眯其目，丛棘哽其口。三年化为石，坚瘦敌琼玖。无复号云声，空余舞杯手。樵牧见之笑，抱卖易升斗。杨公海中仙，世俗那得友。海边逢姑躬，一笑微倪首。胡不载之归，用此顽且丑。求诗纪其异，本末得细剖。吾言岂妄云，得之亡是叟。"

秦淮海咏："黄冠初饮何人酒，径醉颓然不知久。风吹化石楚山阿，藤蔓缠身藓封口。常随白鹤亦飞去，但有衣冠同不朽。异物终为贤俊得，野老田夫岂宜有。华阴杨公香案吏，一见遂作忘年友。日暮西垣视草归，往往对之倾数斗。大梦之间无定论，启母望夫天所诱。谷城或与子房期，西域更为陈那吼。我疑黄冠友见顽，若此坚玩定醒否？何当一笑凌苍霞，顾谢主人聊举手。"

醉道士石

醉道士石

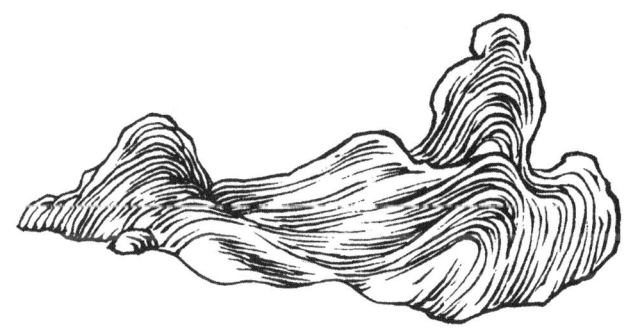

湖中石

湖中有落星石，又有孤石，介立太湖中。竦立矗然高峻，特为环异。上生林木，而飞禽罕集，言其上有玉膏可采。

紫溪中道挟水，有紫色盘石，长百余丈，望之如朝霞，又名为赤濑。十余里中，积石磊砢。相挟而上，涧下白沙细石，状若霜雪，水木相映，泉石争晖，名曰楼林。

阶州石

阶州白石产深土中,性甚软,扣之或有声。大者广数尺。土人就穴中镌刻佛像诸物,见风即劲。以滑石末治之令光润,或磨砻为板,装制砚屏,莹洁可爱。凡内府遣投金龙玉简于名山福地,多用此石,以朱书之。

阶州石

奇窿潜鬼怪，
灵合蓄风雷。

江山晓思屏

　　高昌正臣博古好雅,偶得一石屏,广仅咫尺,其文理粲然,有高深幽远之思。绝顶浑厚者如山如岳,飞扬飘忽者如烟如云,横流奔激者如江如河,断者若岸,泓者若潭,或如林麓之蓊郁,或如禽鱼之游戏。使董北海、僧巨然复生,其破墨用笔,不过是矣。因命之曰"江山晓思"。

江山晓思屏

静江石

静江府所出,虽出自然,然石粗而色不佳。间有玲珑者,雅宜置之花槛中,他无用也。

奇峰高大可爱,多人力雕刻后置急水中舂撞之,其色枯燥。

高丽定法师咏:"回石直生空,平湖四望通。岩根恒洒浪,树杪镇摇风。偃流还渍影,侵霞更上红。独拔群峰外,孤秀白云中。"

静江石

嵌穴胡雏貌,
纤芒(铓)虫篆铭。

菩萨石

嘉州峨眉山有菩萨石,人多采得之。色莹白,若太山狼牙石、水晶之类。日光射之,有五色如佛顶圆光。

菩萨石

怪石

祖上人得怪石,如鬼判,如蹲狮,真奇物也。上人极宝爱之。

张君碧咏:"寒姿数片奇突兀,曾作秋山秋水骨。先生应是厌风雷,着向池边塞龙窟。我来池上倾酒尊,半酣书破青烟痕。参差翠缕摆不落,笔头惊怪粘秋云。我闻吴中项容水墨有高价,邀得将来倚松下。铺却双缯直道难,掉首空归不成画。"

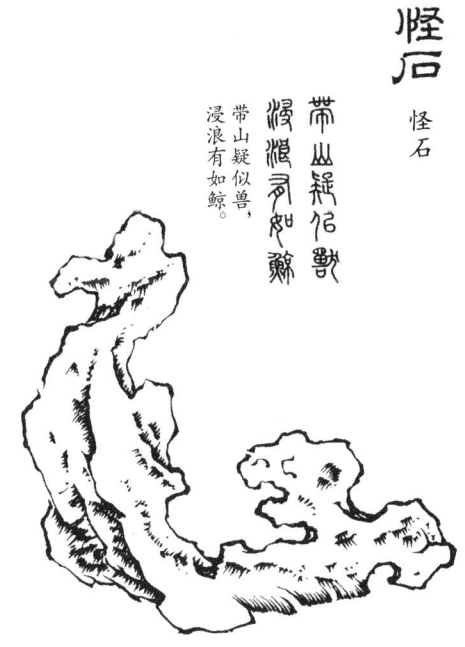

怪石

带山疑似兽,
浸浪有如鲸。

小有洞天

东坡小有洞天石,石下作一座子。座中藏香炉,引数窍,正对岩岫间。每焚香,则云烟满岫。后在豫章郡山谷家,其家珍重,常与谷身同置一箧。今余过武林,得之僧寮,携归,置之梅花馆,恍然与苏眉山相对矣。

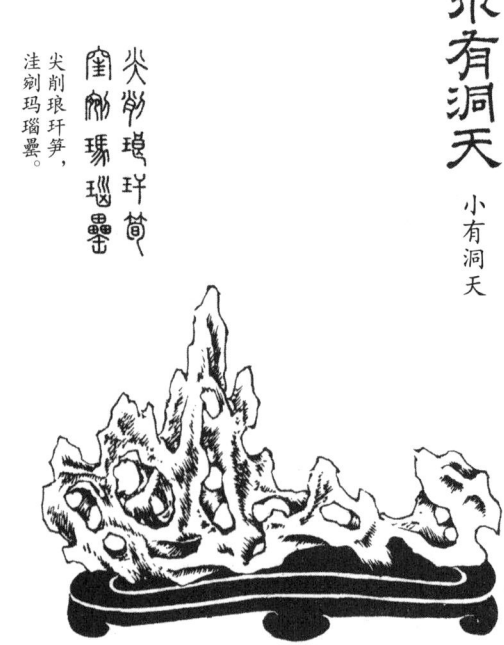

小有洞天

尖削琅玕笋,
洼剜玛瑙罍。

融州石 道州石

道州石峰峦颇多,可作砚山。但石粗,又枯燥之甚,且体脆不任冲撞。

融州老君洞所出,亦起峰峦可爱,但体脆又甚于道州者。

融州石

阴雨龙文动,
风霜鸟迹深。

衢州石

浙江衢州府开化县，其石温润古雅，可供清玩，亦可作砚。

虞茂咏："蜀门郁逶阻，燕碣远参差。独标千丈峻。共起百重危。镜峰含月魄，盖岭通云枝。徒然抱贞介，填海共谁知。"

衢州石

涵空

西山石

顺天府西山与天寿山相接,大雪初霁,千峰万壑,积素凝华,若图画。其石花,巧人常以此假英石,但色枯不甚黑耳。

衡州石

湖广衡州府衡山,即南岳也。周八百里,上有七十二峰、十洞、十五岩、三十八泉、二十五溪。其峰高峻者五,而祝融为最。杜甫得石一拳,名小祝融。

削玉　衡州石

襄阳石

湖广襄阳府太和山，山上多奇石，有二十七峰、二十六岩、二十四涧。其最高者，曰天柱，曰紫霄。有小石拾得，玲珑可爱。

襄阳石

卢溪石

袁州石出溪水中,色稍青黑,有嵌空崄怪势。大者高数尺,鲜有小巧者。唐卢肇隐居草堂在溪水之侧,堂前立大石,高丈余,三峰九窍,甚奇巧,皆为卢溪石。崇宁间,欲辇至内府,以石背有前人刻字,语涉时忌,遂止之。

排衙石

镇江苏仲容留台家有石,如蹲狮,或如睡獭鸿,罗列八九株。太守梅知胜目之为苏氏排衙石。又有一石笋,长九尺余,浑然天成,目之为栋隆笋。悉归内府矣。崇宁间,米元章取小石为砚山,多清润。而产于黄山者,色多土脉,少可镌治。

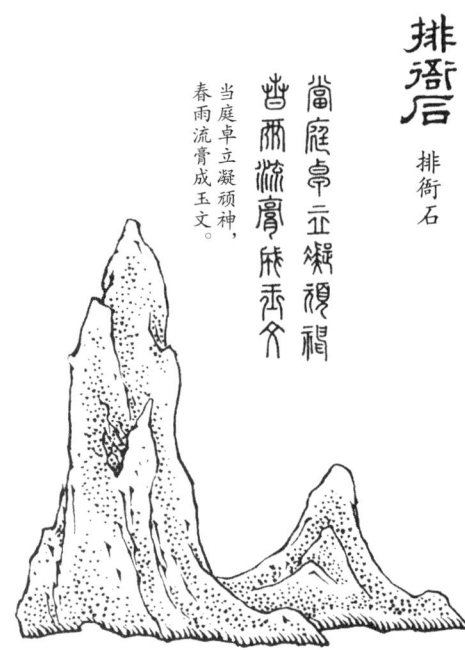

袁石

袁州分宜县距县二十里，有五侯岭。岭上四旁皆山石，岼崿峭绝，若划裂摧倒势。临江士人鲁子明有石癖，亲访其处，以渔舟载归，列置所居。又去县十里，有石洞，名洪阳洞。游者持炬以入，闻有十六室，诡怪百状。又有石乳、石田、石牛羔、石钟鼓、仓廪床榻之类，皆石也。凡高数丈段，有边幅，如有船樯驾风之状。石田顷亩，与真无异。凡洞高处，有唐人题诗，仿佛可辨。父老云是晋葛洪、娄阳二仙所隐，得名。其洞穴深邃，不可遍览。顷有一道人结庵，欲尽游其奇。赍粮秉烛，才历数室，闻洞上有撑篙摇橹之声，骇惧而返。

吴伯度家有石高七尺，阔五尺，后刻云："元符元年二月丙申米芾题。"又有篆云"浮玉"。

金石屿题："叠石是何年，谁移造化权。九嶷生足底，三峡在樽前。仿佛高于案，分明别是天。但教能壁立，一任小如拳。"

袁石

袁石

廉棱露鋒刃
清越扣瓊瑰

廉棱露鋒刃,
清越扣瓊瑰。

石谱卷之四

- 秀碧石
- 怪石供
- 雅鸣树石屏
- 武康石 弁山石
- 仇池石
- 象江六石
- 北海十二石
- 宣和六十五石
- 青锦屏
- 玉恩堂研山
- 花石屏
- 青莲舫研山
- 梦石
- 多子石 绿玉石
- 达摩石
- 青莲舫绮石（附）

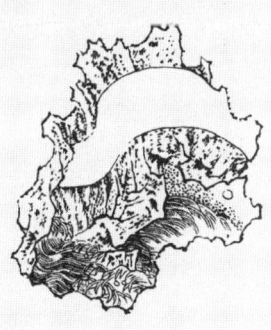

秀碧石

张云庄有怪石拳许,峰峦隐然,色明润可爱,名曰秀碧。

有客至自玄冥国,袖携一峰元气湿。知我雅有山林思,和云持赠曾莫惜。嶙峋玉立三寸强,意气岿然压秋色。初疑女娲醉堕簪,劫火不烧年万亿。又疑鼎湖遗宝剑,水啮惟余半尖碧。苔痕剥尽出本真,顿觉岚光异畴昔。虚堂昼永炉烟微,目击道存真莫逆。若令解语尽可师,政使不高何损德。圣门颜子具体微,齐国晏婴才六尺。物形固有大小殊,达观原无高下隔。褰裳欲涉还踟躅,一笑诗成山鬼泣。

秀碧石

秀碧石

簇錦

簇錦

怪石供

玻璃国产五色石,以玻璃盆贮之,烂然可爱。又青州有铅松怪石,似玉。今齐安江上往往有之。多红、黄、白色,其文如人指上螺,精明莹洁,虽巧者以意绘画,有不能及者。苏子瞻常以之供佛印禅师,名曰怪石供。凡二百五十枚,并石盘二个。

怪石供

雅鸣树石屏

朱学士吴冲卿家有一石屏,内古木参差,两鸦栖止,俨然图画,遂名雅鸣树石。欧阳修赋:"晨光入林众鸟惊,腷膊群飞鸦乱鸣。穿林四散投空去,黄口巢中饥待哺。雌者下啄雄高盘,雄雌相呼飞复还。空林无人鸟声乐,古木参天枝屈蟠。下有怪石横树间,烟埋草没苔藓斑。借问此景谁图写,乃是吴家石屏者。虢工刳山取山骨,朝才暮斫非一日。万象皆从石中出,吾嗟人愚不见天地造化之初难,乃云万物生自然。岂知镌镵刻画丑与妍,千状万态不可殚。神愁鬼泣夜不得闲,不然安得巧工妙手惫精竭思不可到,若无若有缥缈生云烟。鬼神功成天地惜,藏在虢山深处石。唯人有心无不获,天地虽神藏不得。又疑鬼神好胜憎吾侪,欲极奇怪穷吾才,乃传张生自西来。吴家学士见此咍,醉点紫毫淋墨煤。君才自与鬼神斗,嗟我老矣安能陪。"

梅宛陵:"吴夫子,佩银龟。乘天马,素怪奇。忽得虢略一片石,其中白色圆如规。又有树与鸟,画手虽妙何能为?吴乃持问欧阳公,比公曩获尤可疑。疑不为辨赋以诗,诗辞粲粲明星垂。复遣赍来使我和,坐上巨公旁睨之。范侯实有杨雄学,咸云此理难究推。我归涤虑反复思,义

雅鳴樹石屏

雅鳴树石屏

虽不经聊解颐。月与太阳合朔时，阳乌飞上桂树枝。枝上作巢生群儿，人不知天公。天公欲俾世间见，影着石面如粘黐。乌既不得去，月亦不可移。留为千古作好玩，慎勿倾朴同玉碑。"

苏东坡："何人遗公石屏风，上有水墨希微踪。不画长林与巨植，独画峨眉山西雪岭上万岁不老之孤松。崖崩涧绝可望不可到，孤烟落日相溟蒙。含风偃蹇得真态，刻画始信天有工。我恐毕宏韦偃死葬虢山下，骨可朽烂心难穷。神机巧思无所发，化为烟霏沦石中。古来画师非俗士，摹写物像略与诗人同。愿公作诗慰不遇，无使二子含愤泣幽宫。"

武康石 弁山石

出浙江湖州府卞山,一名弁山石,莹然如玉。旁有别峰,号西陵。赵孟坚尝得五字不损本《兰亭》于书州,乘夜至弁山,得小石一座,俨如山势,把玩不已。时大风作,孟坚立浅水中,向人曰:"石帖在此,无忧也。"武康石亦出浙江湖州府,亦可作砚山。

武康石

含玄象,涌溜文。放乎岳麓,卷乎几案。

王弇州题："兹山饶奇石，混沌帝所凿。坠如渴猿饮，森若惊鹘搏。龙睛过犹闪，猊坐望还却。万窍吸籁号，一柱危崖阁。玲珑蔽秋涨，突兀生摇落。赤鲤舷际惊，白鸟波面掠。挥手揽青苍，为余佐杯勺。"

云根

弁山石

仇池石

仇池绝壁峭峙,孤险云高,望之形若覆壶。其高二十余里,羊肠盘道三十六回。《开山图》谓之仇夷,所谓"积石嵯峨,岭岑隐阿"者也。

苏子瞻至扬州,获二石。其一绿色,冈峦迤逦,有穴达于背。其一正白可鉴渍。以盆水置几案间,忽忆在颍州日梦人请住一官府,榜曰仇池。觉而诵杜子美诗曰:"万古仇池穴,潜通小有天。"乃作小诗:"梦时良是觉时非,汲水埋盆故自痴。但见玉峰横太白,便从鸟道绝峨眉。秋风与作烟云意,晓日令涵草木姿。一点空明是何处,老人真欲住仇池。"

子瞻家藏仇池石,王晋卿以小诗借览,意在于夺去,复以诗先之:"海石来珠宫,秀色如蛾绿。坡陀尺寸间,宛转陵峦足。连娟二华顶,空洞三茅腹。初疑仇池化,又恐瀛洲蹙。殷勤峤南使,馈饷淮东牧。得之喜无寐,与汝交不渎。盛以高丽盆,藉以文登玉。幽光先五夜,泠气压三伏。老人生如寄,茅舍久未卜。一天幸可致,千里常相逐。风流贵公子,窜谪武当谷。见山应已餍,何事夺所欲。欲留嗟赵弱,宁许负秦曲。传观慎勿许,间道归更速。"

秦淮海:"天镵海滨石,郁若龟毛绿。信为小仇池,气象宛然足。连岩下空洞,鼎涨彭亨腹。双峰照清涟,春眉镜中蹙。疑经女娲炼,或入金华牧。炉熏充云气,研滴当川渎。尤物足移人,不必珠与玉。道傍初无异,汉将疑虎伏。支机亦何据,但出君平卜。奇僵入华林,倾都自追逐。我愿作陈那,令吼震山谷。一拳既在梦,二驹空所欲。大士舍宝陀,仙人遗句曲。惟诗落人间,如传置邮速。"

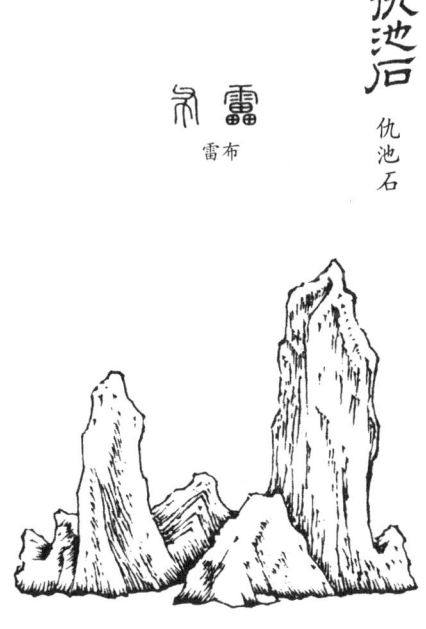

雷布

仇池石

象江六石

荥阳郑璠自象江得怪石六:其三耸而锐上;又一如世间道士,存思图画入肺胃肝肾,次第悬络者;又一空中而隐外,若癰瘿殃疝病,不好物者;又一色绀冰而理平,漫弹之,好声。璠为象江守三年,不病瘴,平安寝食。后还长安,无家,召妇儿寄止人舍下。计辇六石,道费俸六十万。

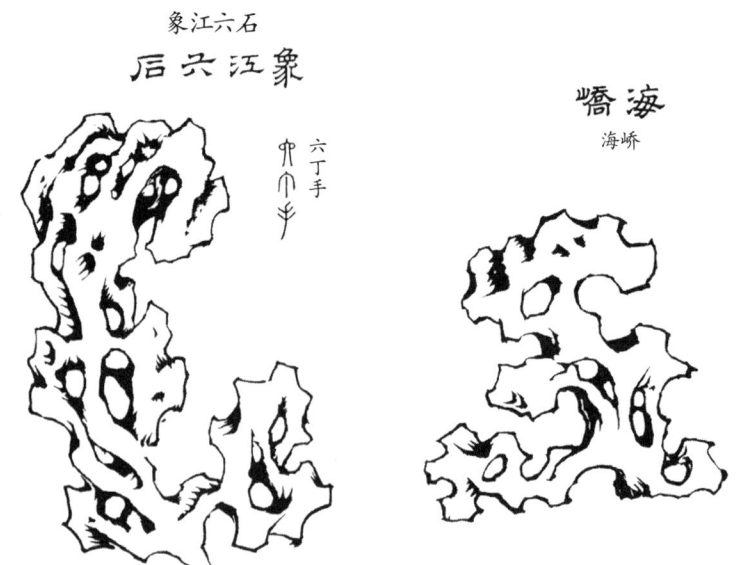

大行云

形质冠今古,
气色通晴阴。

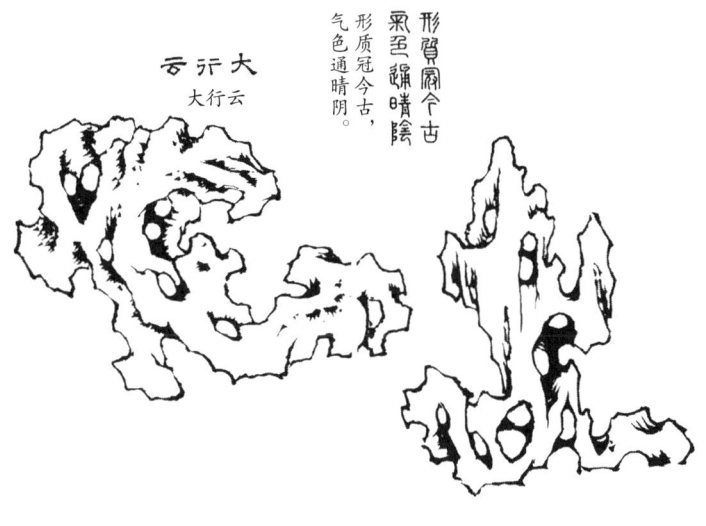

云岫

郁珑玲

北海十二石

登州下临大海,目力所及,沙门、鼍矶、车牛、大竹、小竹,凡五岛。惟沙门最近,兀然焦枯。其余皆紫翠巉绝,出没涛中,真神仙所宅也。上生石芝、草木,皆奇伟,多不识名者。又多美石,五色斑斓,或作金色。熙宁己酉岁,李天章为登守,吴子野往从之游,时解贰卿政退,居于登,使人人诸岛取石,得十二株,皆秀色粲然。适有舶在峰下,将转海入朝,子野请于解公,尽得十二石以归,置所居岁寒堂下。东坡谓世之好石者多矣,未有取北海而置南海者也。

北海十二石

灵菌

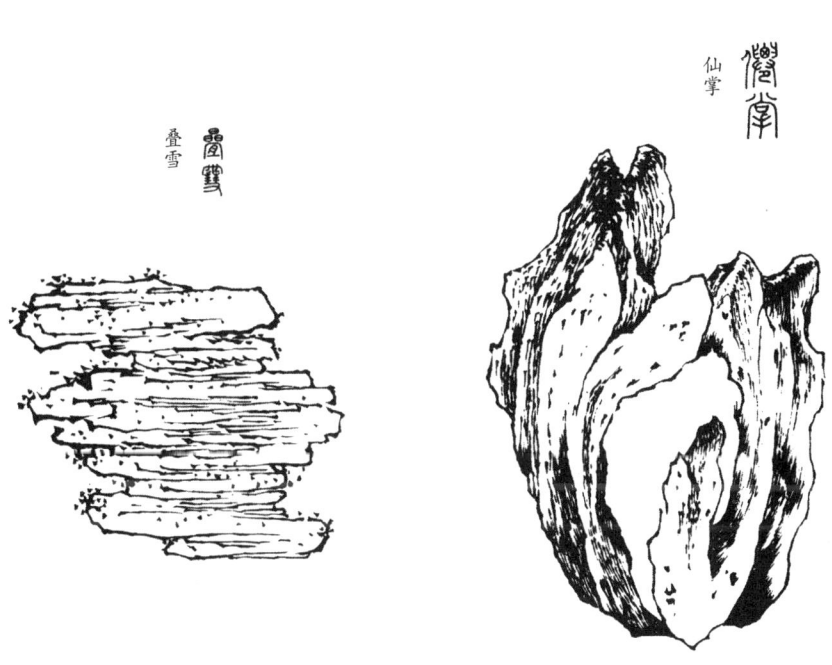

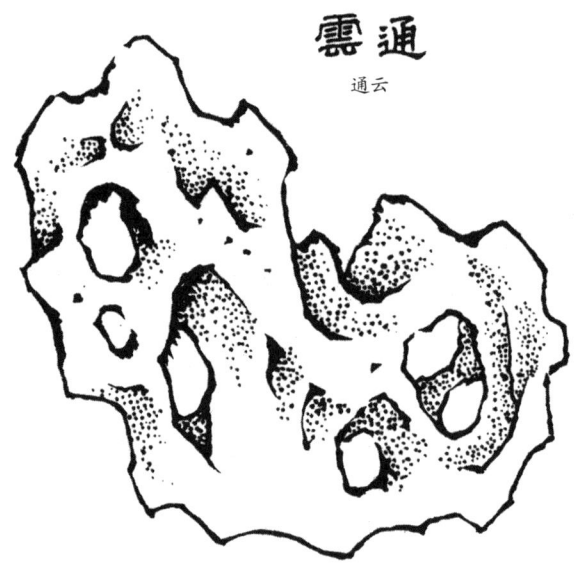

雲通

通云

蛟蟠

蟠蛟

烟翠三秋色，
波涛万古痕。

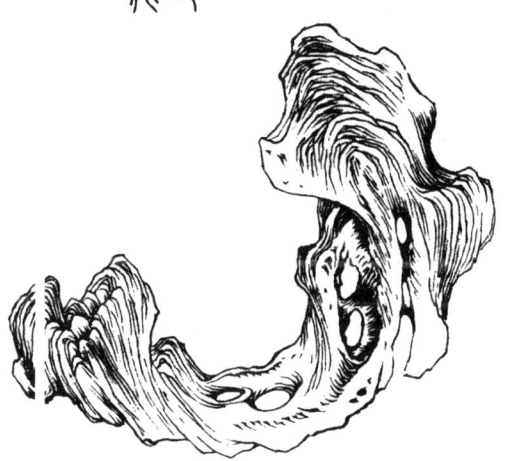

飞黛

石谱

宣和六十五石

右宝晋斋以甲乙为品第，悉与赐号。守吏以奎画字刻于石之阳，皆用石青饰字。

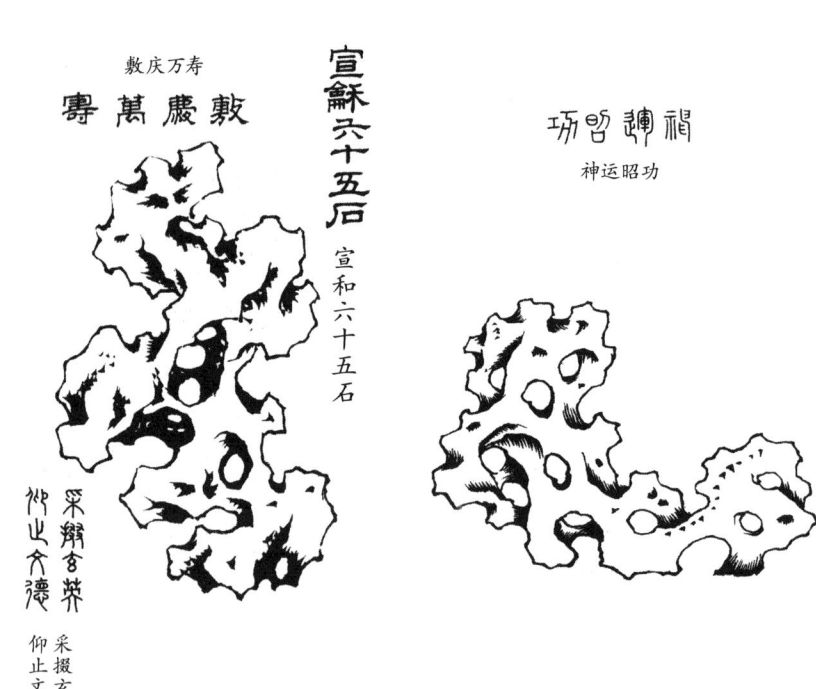

敷庆万寿

宣和六十五石

采掇玄英，仰止文德。

神运昭功

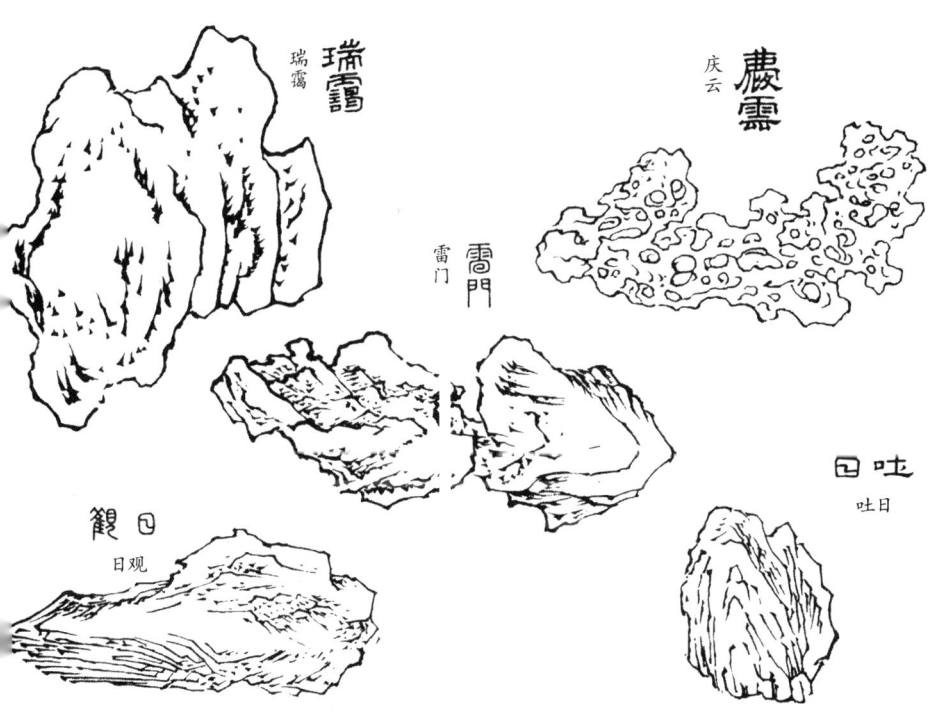

抱犊

鳳巢

巢凤

搏雲屏

抟云屏

登封

蕴玉

镶云

立玉

堆青

堆青

内雷

雷穴

桂岩

桂岩

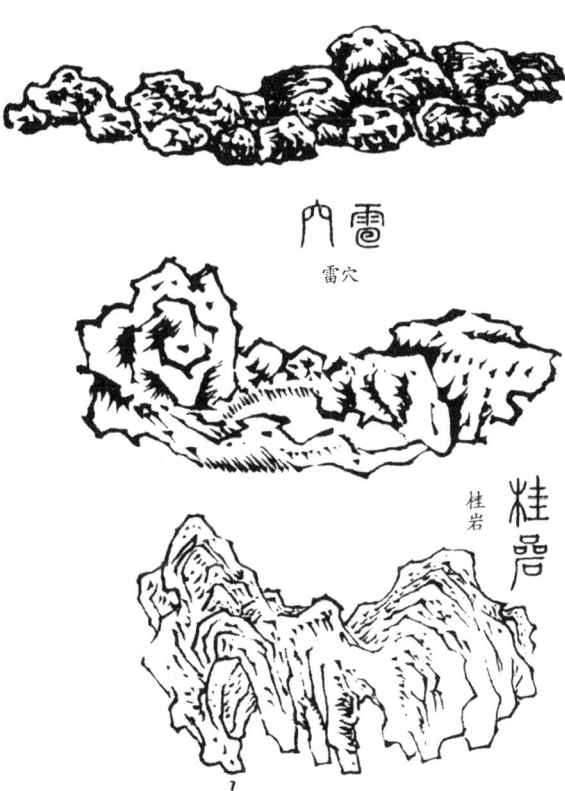

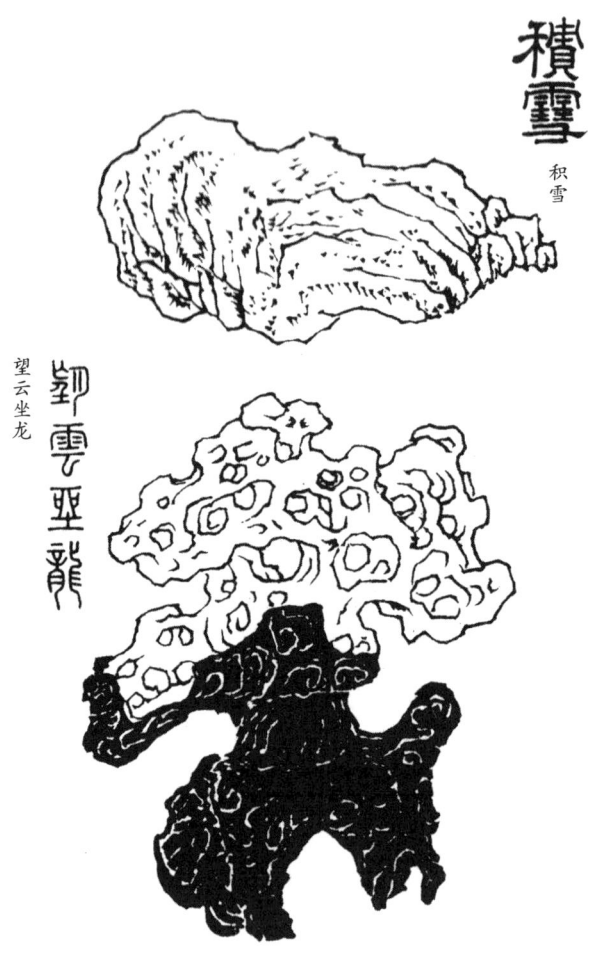

积雪

望云坐龙

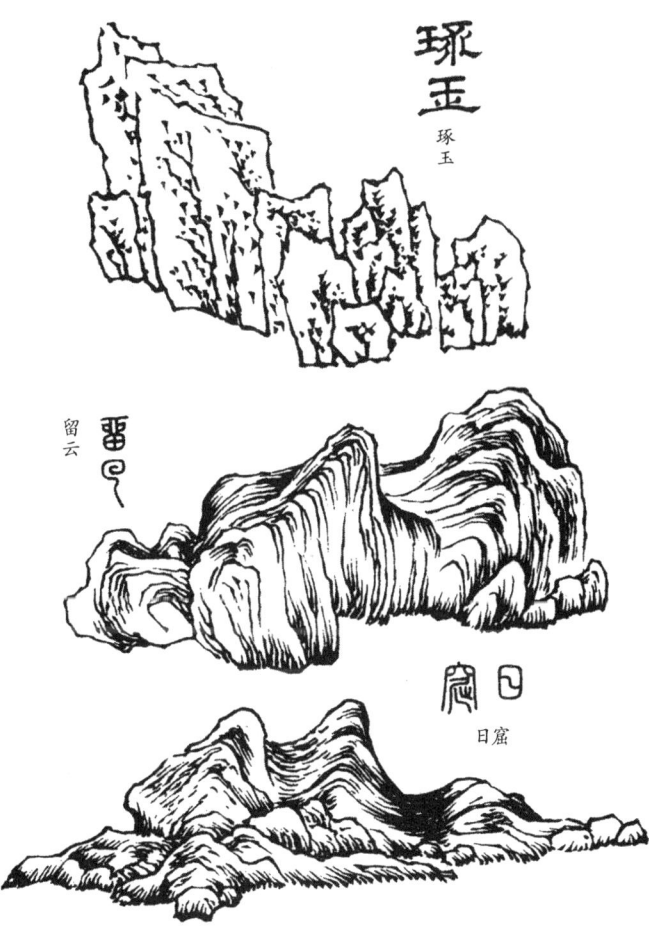

琢玉

留云

日窟

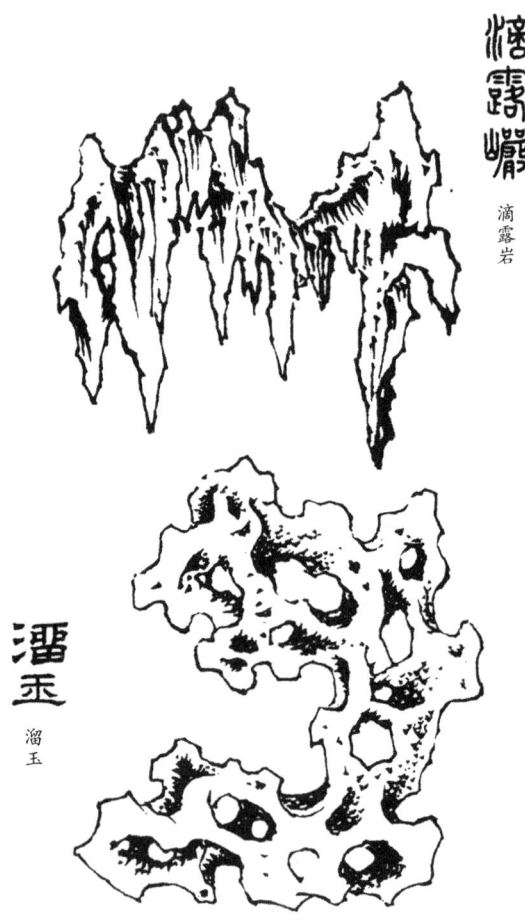

滴露岩

溜玉

石谱

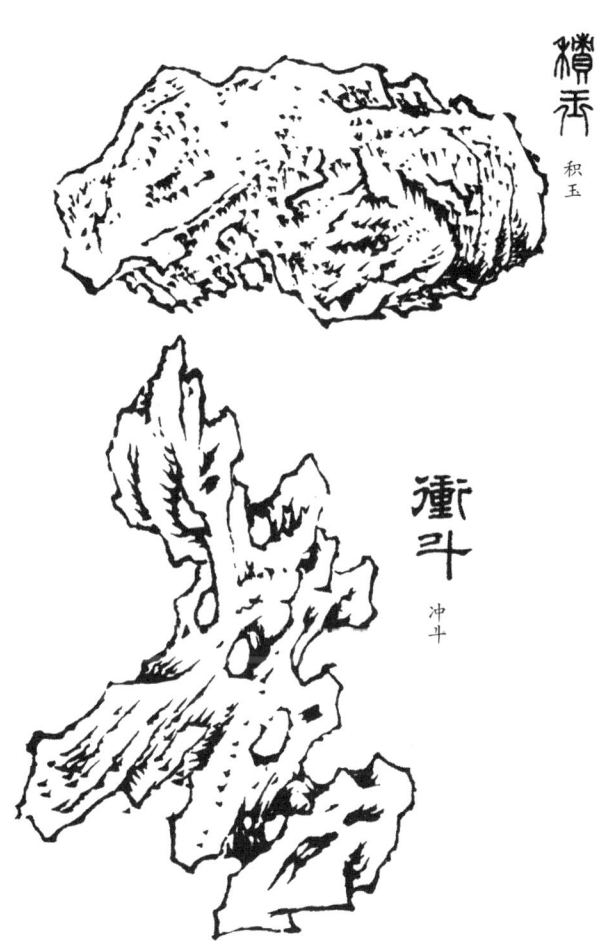

积秀

冲斗

凝翠

太平岩

伏犀

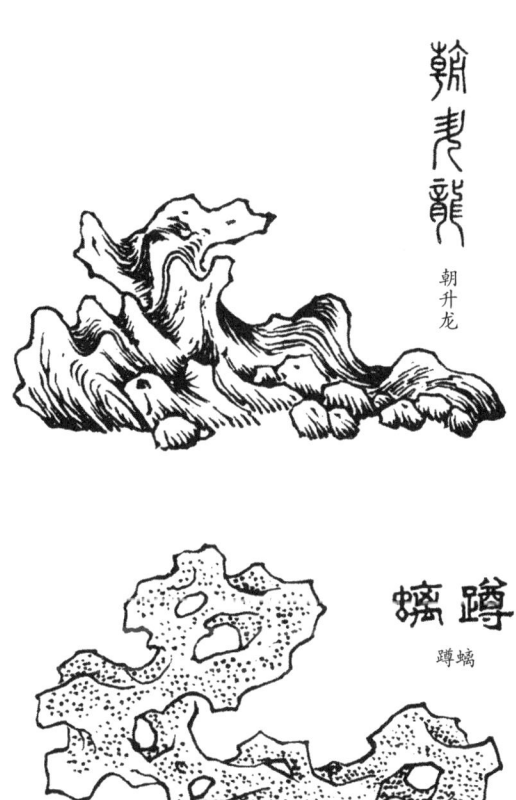

朝升龙

蹲螭

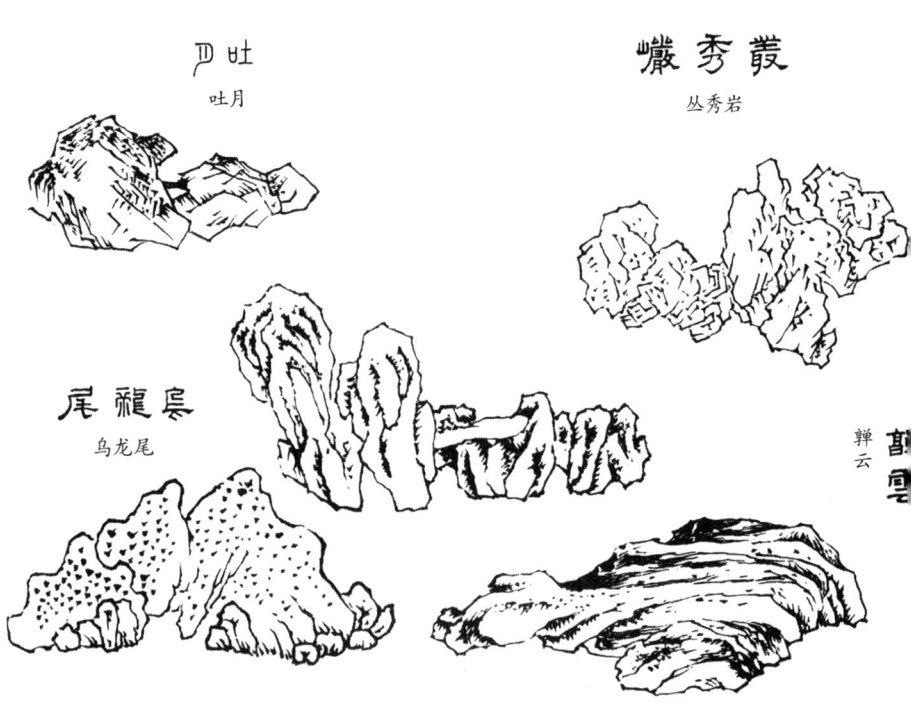

吐月

丛秀岩

乌龙尾

斗云

石谱

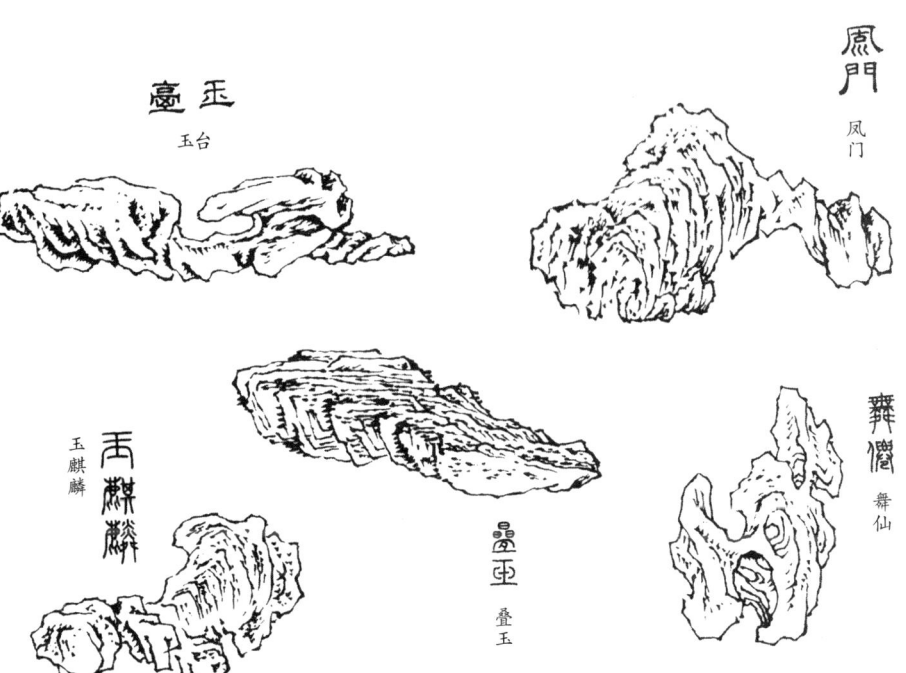

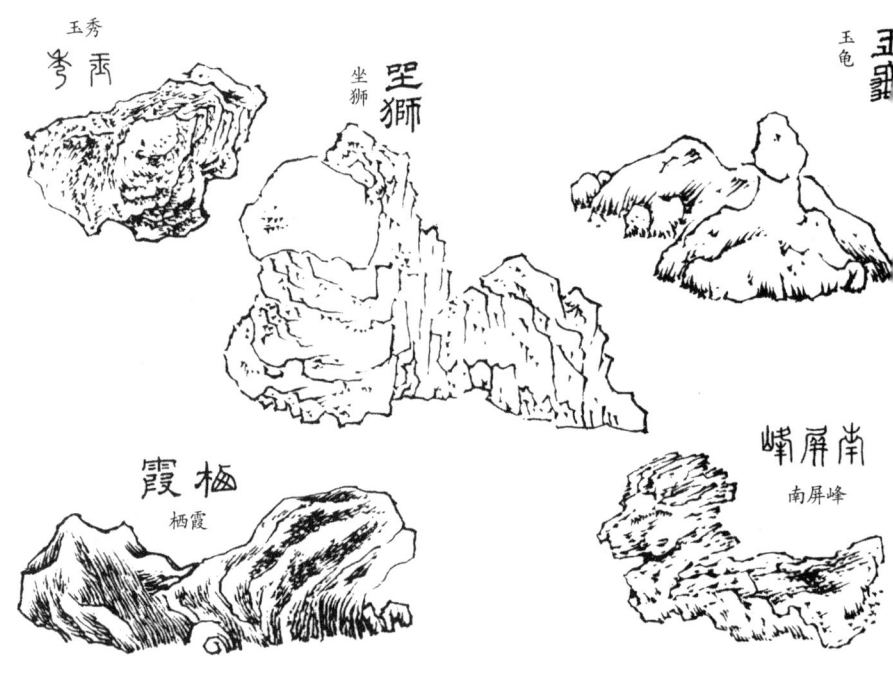

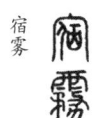
宿雾

万寿老松

噴玉

噴玉

凝碧

凝碧

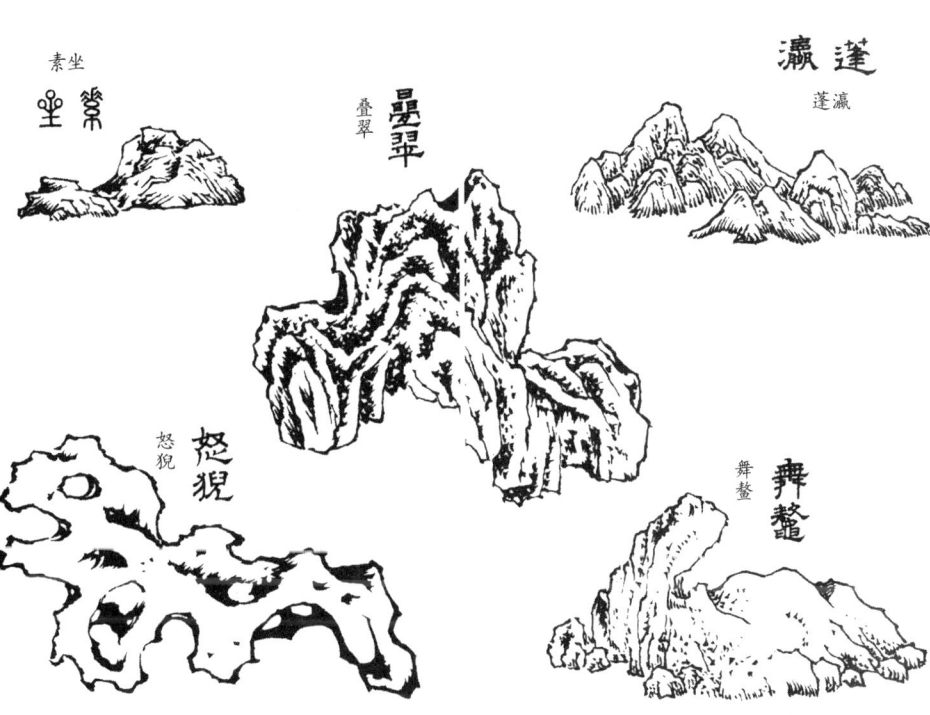

扪参

须弥老人

排云

独秀

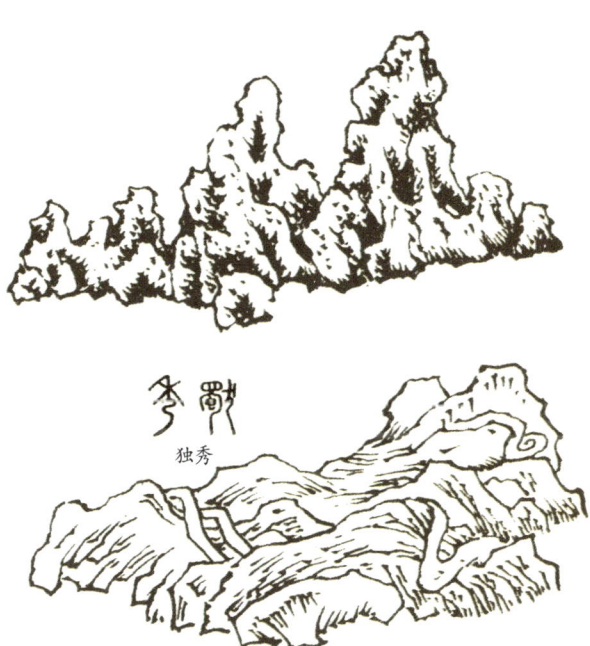

玉京独秀

抚翠

仪凤

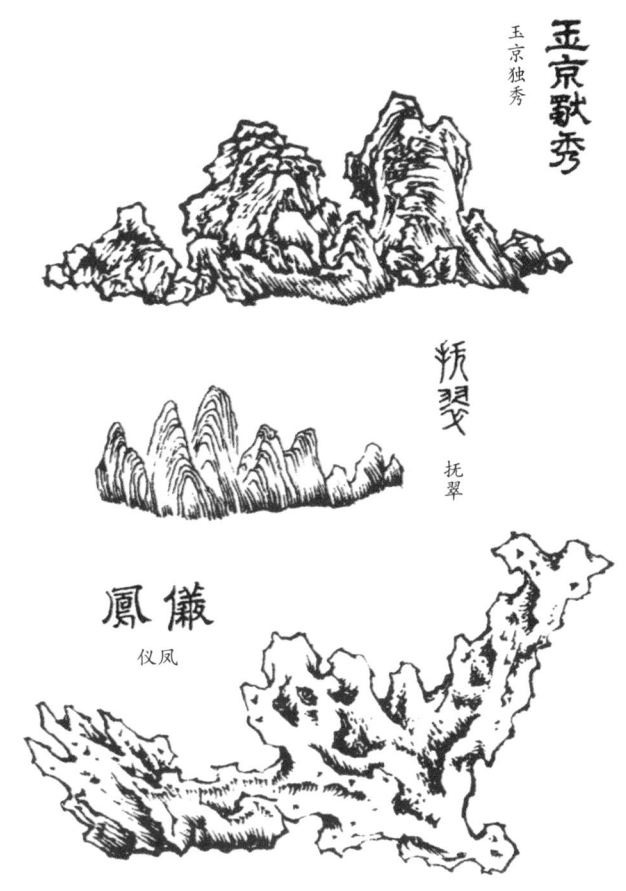

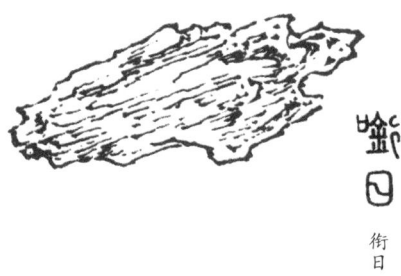

衔日

曳烟

青锦屏

宋太史文石，曾以冬米百担买何柘湖一石，名青锦屏。四面玲珑，高一丈五尺。太史移置文园，特建青锦亭玩之。太史捐馆，缙绅某索取园中小石，夜半凿垣窃青锦屏去。不两月，缙绅物故，青锦屏尚卧草间。后园属徐奉常，有客进曰："青锦屏乃兹园故物，可取而归也。"奉常忻然，即令人舁归。不五年，奉常复故，此石不知尚在园否。见李节之《云间杂记》。

青锦屏

玉恩堂研山

余上祖直斋公宝爱一石，作八分书镌之座底，题云"此石出自句曲外史。高可径寸，广不盈握。以其峰峦起伏，岩壑晦明，窈窕窊隆，盘屈秀微。东山之麓，白云瑗硋，浑沦无凿，凝结是天。有君子含德之容，当留几席，谓之介友"云。余复为之铭曰："奇云润壁，是石非石。蓄自我祖，宝兹世泽。"

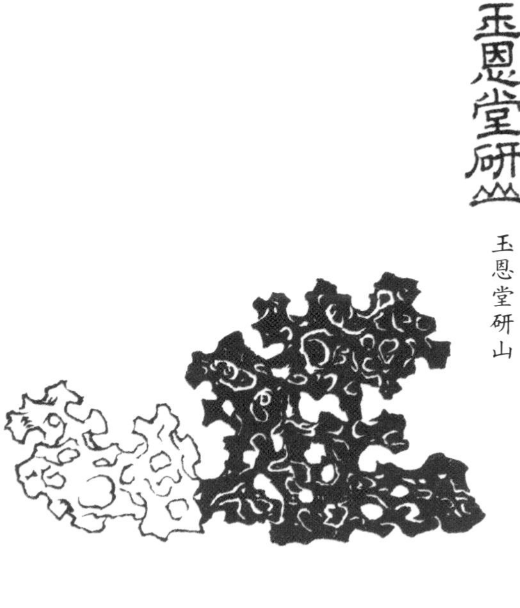

玉恩堂研山

花石屏

《零陵志》载石屏出零阳白鹤山屈处静上升之所。宋绍兴壬午间,有宗子邑居,一日舣舟山下,于水中得一石,光彩绚异。其纹若峰峦耸秀,浑然天成。自是石工知之,竞至凿取。烟云雪月之景,波澜龙凤之象,隐然可观。大者方广可四五尺,虽巧画者莫臻其妙。

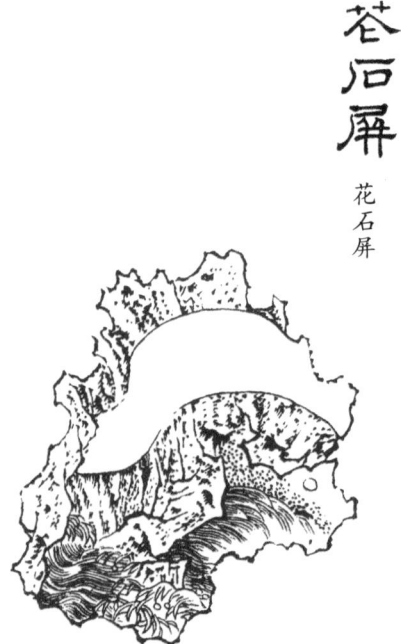

花石屏

青莲舫研山

维石神秀，吴下名家罕睹俦匹。以其广狭高卑，仅足盈握，出入怀袖者是也。而峰峦崇蠹，洞壑窅冥，曲磴回岩，环丘复道，云窝月窦，削壁阴厓，钓址平台，坡陀沙屿，辗转有情，顾盼生色。下有二穴，一穴中含线纹，萦带如缕。造化钟灵若是其巧，虽米颠、倪迂，必能刮目。古之牛奇章好石不知几许，大者贮之库藏，小者秘之缇巾革匮，惜乎不加品题，千载之下，泯然无迹。斯石余甚爱之，尝置之青莲舫中，以娱晨夕，差胜夫宋人之宝燕石矣。

青莲舫研山

梦石

孙汉阳平生好石，闻蓄石名家，靡不发藏索观。随观随绘，数年来不知凡几。时一展玩，未始不神游其间也。万历己亥秋夕，梦一冠盖士延汉阳上堂，揖让殊谨。久之别去，遣人追送三石。一白色，如玉，长二尺余，高一尺。一深碧色，纹理如核桃，长二尺。一如将乐中涵碧色，两傍沿如红袖。喜而受之，乃觉，疾书诸纸。尝出示予。予笑曰："梦非梦，石幻而为梦矣。石非石，梦化而为石矣。梦耶？石耶？其在膏肓耶？"一座抚掌。

后獨

梦石

多子石 绿玉石

董玄宰得此二石,尝图其形,题云:米元章得南唐李氏研山,与薛绍彭易京口苏之才名园广宅,以为米公非能好石者。绍彭得研山,米公虽仅古,不出。米为诗曰:"唯有玉蟾蜍,向余频泪滴。"此如汉庭遣明妃,既入虏庭,而懊恨不已。余书此,欲使米公下拜,因写石二种及之。

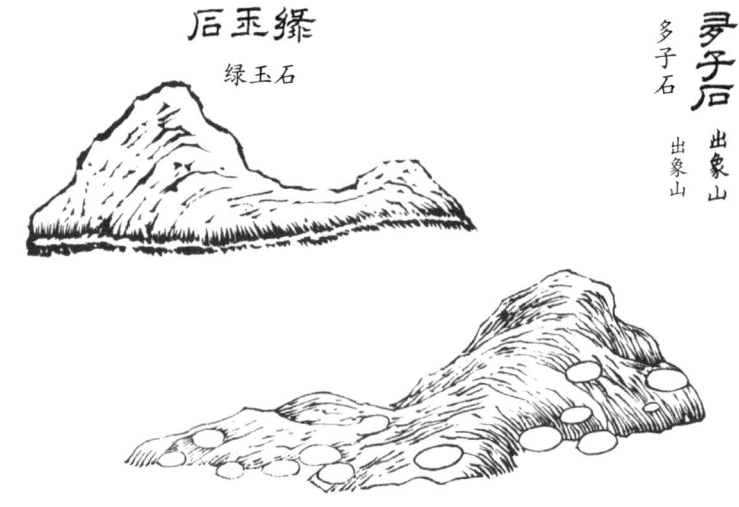

达摩石

超果寺有石片中达摩一尊,宛然与画者无异。润之以水,更觉明现。袁中郎亦曾见一石板,有影酷似人间所画初祖像。云有一大儒,欲辟异端,刮其影,旋去旋现,不能尽,乃止。遂为之歌:"禅月罗汉天下绝,螺烟渗石光

达摩石

西来大意

不灭。面纹漆黑眼生棱,衲衣袖展秋云洁。幅巾谈道老先生,以刀割影影愈彻。如虫蚀木偶成文,镜花岂必生枝节。中山废圃石如铁,白浪缠身卷飞雪。移向山中作一盆,飘然乘风苇可折。"

达摩石

青莲舫绮石（附）

绮石诸溪涧中皆有之，出六合水最佳，文理可玩，多奇形怪状。自苏端明作颂以遗佛印、参寥，后之好事者转相博采，以资耳目，奇状愈多，不可胜纪。余有米生之癖。何士抑先生贻余若干枚，各有品骘，并识佳名，时携青莲舫中把玩竟日，欣然会心。有客谓余："不以供僧，如端明何？"余谓："石趣颇淡，不足嗜好。若以供僧，臭味远矣。"客笑而退，遂绘而图之。

青莲舫绮石(附)

渔浦归帆

峨眉积雪

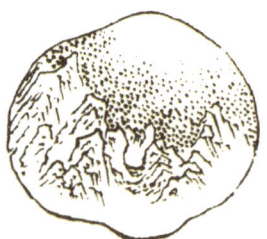

云峰古刹

凤鸣高冈

莲花法相

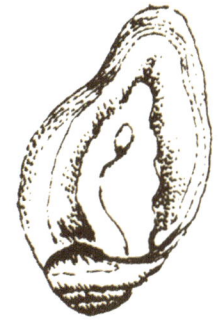

教子升天

裳螂（螳螂）捕蝉

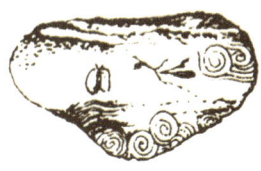

瑞芝

日送归鸿

绿野云屯

面壁初祖

冰池玉藻

秋水回泓

女娲补石

东山旭日

赤华水

坐采

赤云驾龙

文鱼武藻

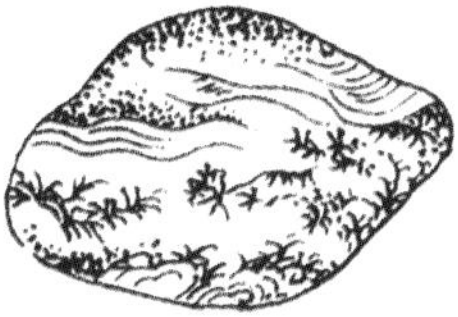

海榴舒子

山水出回

海天月上

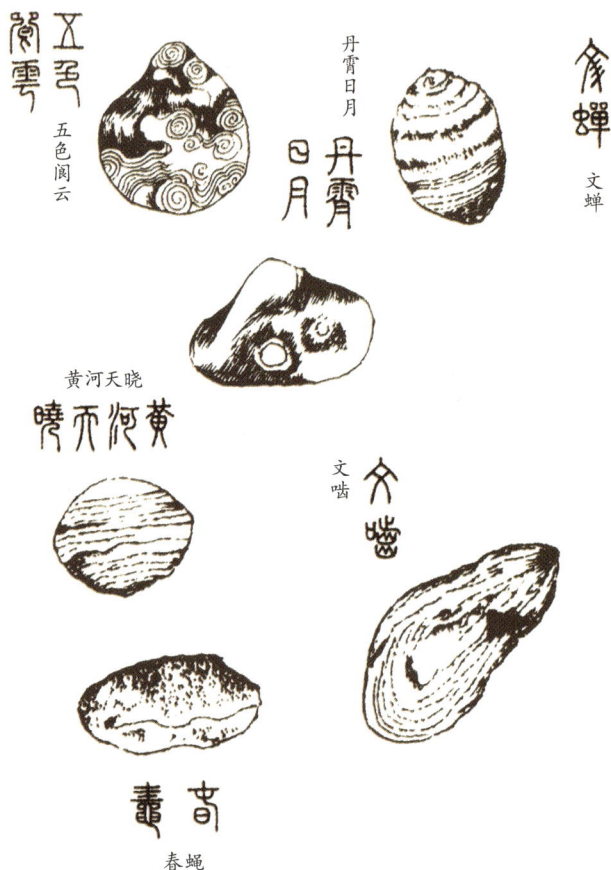

五色闲云

丹霄日月

文蝉

黄河天晓

文齿

春蝇

红霞映雪

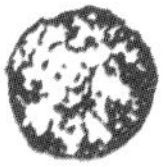

玉鼎丹砂

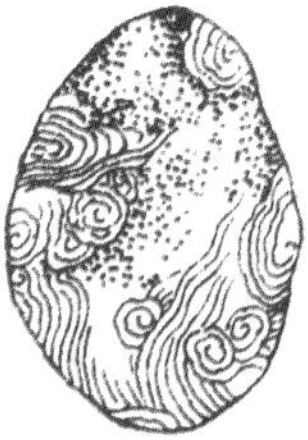

玄圭

层霞叠雪

金每冰赤

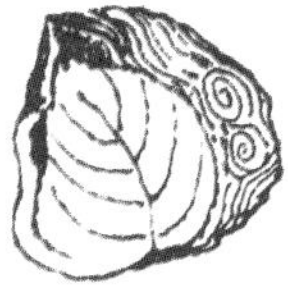

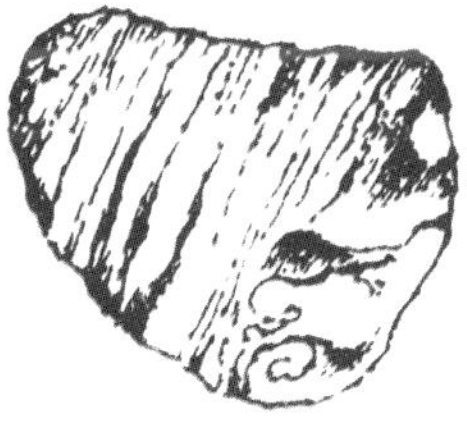

沧海秋霞

夹松脂

附录：历代名家画石图

[北宋]苏轼　古木怪石图

[北宋] 苏汉臣
秋亭婴戏图

[北宋] 宋徽宗 祥龙石

[元] 赵孟頫 秀石疏林图

[元]柯九思　石谱四样之一

[元]柯九思　石谱四样之二

[明]陈洪绶 米颠拜石图

[明]文徵明　真赏斋图卷

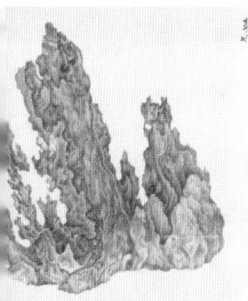
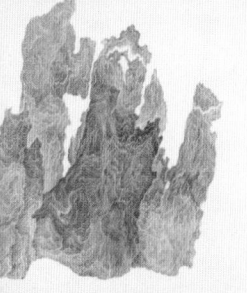

[明] 吴彬　十面灵璧图

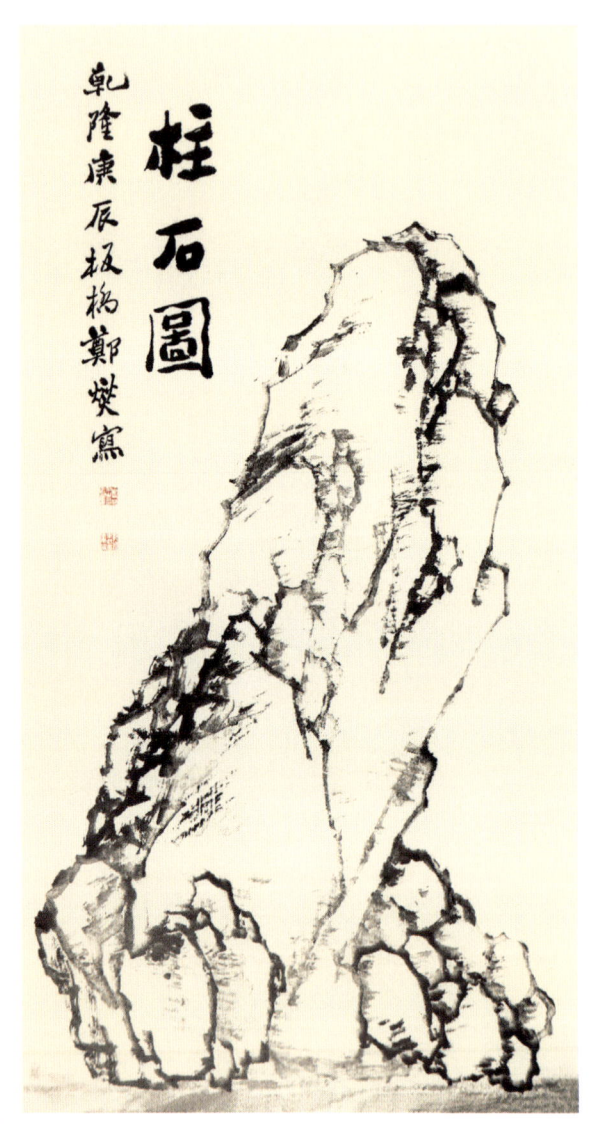

[清]郑板桥　柱石图

[清]任伯年　米颠拜石图

[清]任熏　米颠拜石图

黄宾虹　湖石画法

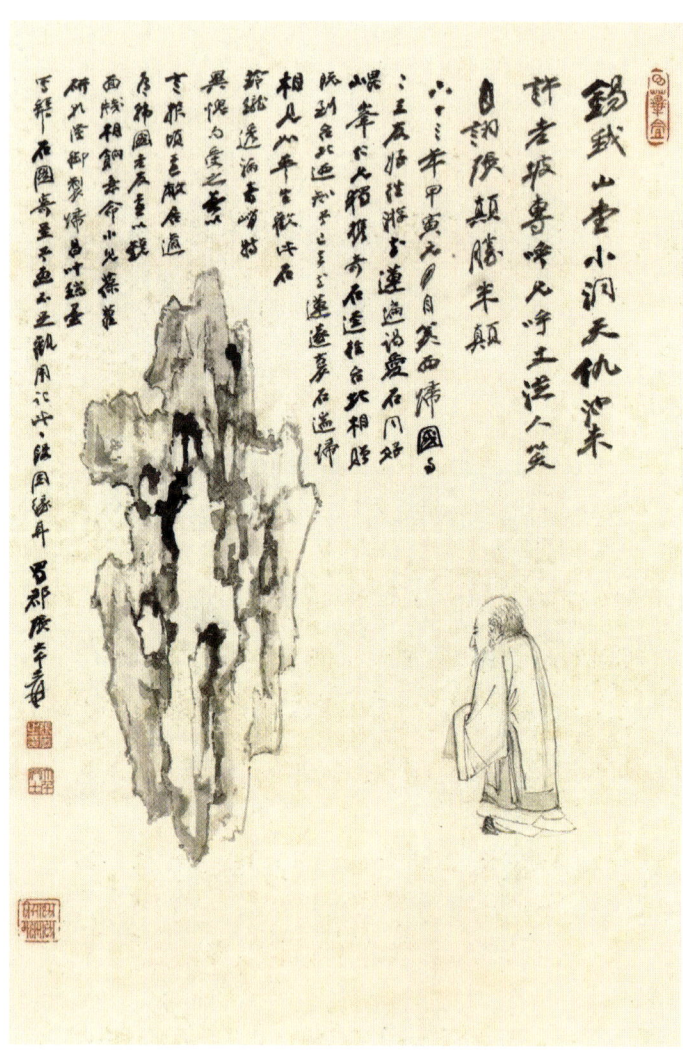

张大千　米颠拜石图

李可染　米颠拜石图

图书在版编目（CIP）数据

石谱 /（明）林有麟著. -- 上海 : 上海人民美术出版社，2025. 1. --（名家悦读系列）. -- ISBN 978-7-5586-3106-1

Ⅰ. TS933-64

中国国家版本馆 CIP 数据核字第 2025VQ7893 号

名家悦读系列——

石谱

著　　者：[明] 林有麟
主　　编：邱孟瑜
策　　划：徐　亭
责任编辑：徐　亭
技术编辑：齐秀宁
调　　图：徐才平
出版发行：上海人民美术出版社
（上海市闵行区号景路159弄A座7楼）
印　　刷：上海印刷（集团）有限公司
开　　本：889×1194　1/36　6印张
版　　次：2025年1月第1版
印　　次：2025年1月第1次
书　　号：ISBN 978-7-5586-3106-1
定　　价：49.00元